人生没那么多非做不可的事

[日] 本田晃一 著
依凡 译

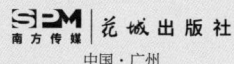

中国·广州

图书在版编目（CIP）数据

人生没那么多非做不可的事 /（日）本田晃一著；依凡译. -- 广州：花城出版社，2024.1
ISBN 978-7-5360-9814-5

Ⅰ. ①人… Ⅱ. ①本… ②依… Ⅲ. ①成功心理－通俗读物 Ⅳ. ①B848.4-49

中国国家版本馆CIP数据核字(2023)第039922号

Nanka Katteni Jinsei ga Yokunaru Yamerukoto List
Copyright © 2021 Koichi Honda
Originally published in Japan by SB Creative Corp.
Chinese (in simplified character only) translation rights arranged with SB Creative Corp., Tokyo through CREEK & RIVER Co., Ltd.
All rights reserved.

著作权合同登记号：图字 19-2021-293 号

出 版 人：张 懿
责任编辑：刘玮婷　蔡 宇　徐嘉悦
责任校对：李道学　袁君英
技术编辑：凌春梅
装帧设计：周文旋
封面供图：陈梦迪
赠品供图：寂 沙

书　　名	人生没那么多非做不可的事 RENSHENG MEI NAME DUO FEIZUOBUKE DE SHI
出版发行	花城出版社 （广州市环市东路水荫路 11 号）
经　　销	全国新华书店
印　　刷	佛山市浩文彩色印刷有限公司 （广东省佛山市南海区狮山科技工业园 A 区）
开　　本	787 毫米 ×1092 毫米　32 开
印　　张	6.5　2 插页
字　　数	100,000 字
版　　次	2024 年 1 月第 1 版　2024 年 1 月第 1 次印刷
定　　价	48.80 元

如发现印装质量问题，请直接与印刷厂联系调换。
购书热线：020-37604658　37602954
花城出版社网站：http://www.fcph.com.cn

前言

工作和恋爱皆不顺遂……
人际关系令人疲惫……
长此以往,总觉得自己的人生布满阴霾。

是因为没有努力过吗?还是因为不够努力?
并不是,情况恰恰相反。
或许是因为"过度努力"成了你的常态。
一直以来,你已经足够努力了。
第一步,试着卸下重担,放下各种过犹不及的事情吧。

拿到此书也是一种缘分。
首先,请填写下面的测试表。

- ☐ 周围以严厉的人居多
- ☐ 你的朋友看起来幸福无忧
- ☐ 身边有处不来的人
- ☐ 容易受到指责,有人只拿你出气
- ☐ 经常因被欺负而感到不快
- ☐ 揽下了别人不愿承担的工作
- ☐ 和你搭档的常常是不幸的人
- ☐ 看到别人活得自由自在,心里就不舒坦
- ☐ 看到别人遭遇失败,内心就焦躁不安
- ☐ 找不到自己想做的事情

如果你中了三条以上，我希望你能重新审视自己的努力方式。

因为，出现这种情况的人可能是"为了别人在努力"。

为了别人而努力的人，本质上是友善的。

想讨别人欢心，想帮上忙，想播撒幸福——

明明如此心存善念，为何现在会痛苦不堪？说起来，还是因为你在忍气吞声，做着自己不愿做的事。而甘愿做到这个地步，原因在于你相信这么做，就能讨别人欢心或帮上什么忙。

这样的你，真的是太友善了，完全对他人充满爱意。

奇怪的是——

这般友善且充满爱意，周围的人也会投桃报李吧。理应如此，你却苦于人际关系、工作和恋爱，不觉得这完全不合常理吗？

实际上，这正是爱意的麻烦之处。

简单来说，越是会为了别人去努力的友善之人，越容易兜兜转转，陷入痛苦的思维机制中。

有一种方法能够逆转这种机制，那就是将自己的"心声"排在优先位置。

或许你会认为，忠于自己心声的人会因我行我素遭受厌恶。

其实，遵从心声的人更招人喜爱，也更容易收获同伴。

这样一来，你将意外收获熠熠生辉的人生。

说是这么说，但要如何成为忠于自己心声的人？

针对有这种烦恼的人，我列了一份"断舍离清单"。

重新找回自我的最佳捷径，并非"开始"新的挑战，而是"放下"现有的累赘。

迄今为止，你已经做了很多努力，无须再增加负担。

只管按照本书介绍的，试着放下看看。

如果我的建议能稍微疏导你的心理障碍，如果本书能引导你迈向更幸福的人生，那便是我至上的荣幸。

　　　　　　　　　　　　　　　　　　　　本田晃一

目录

— 序章 —
开启『发现自己心声』的心灵之旅

●"努力"并非苦差事
为了寻求认同而做出的努力,究竟是为了谁? ... 2
揭开掩盖心声的"封条" ... 3

●"被爱"并非特殊奖励
"你也要对我好"是可怕的 ... 7
脑子最爱"消极事物" ... 8
无须做什么,每个人都被爱着 ... 10

☐ 不再信奉"自讨苦吃就能被原谅"教
"反省"和"自责"是两码事 ... 16
道歉只需一句"对不起" ... 18

☐ 不再自以为"被讨厌了"
人际关系中的风波并非因你而起 ... 21
试试幸福之人的思维 ... 23

第1章 致在人际关系中不小心努力过头的人

☐ 不再坚持"不准自己讨厌任何人"这种八面玲珑的想法

世上没有"其实人还不错"这回事 ……… 25

"练习拒绝"的建议 ……… 29

☐ 不再在处不来的人身上花费精力

所谓的"幸福感"或许是假象? ……… 33

把"处不来的人"变成"只对我好的人" ……… 35

☐ 不再强求礼尚往来的爱意表现

说不定对方是"意大利人"? ……… 38

传递"反感"信号的秘诀是"若无其事" ……… 41

☐ 不再尘封本心

试着将"想说的"写在信里 ……… 44

倾吐心声,尽情发笑 ……… 46

☐ 不再对幸福熟视无睹

"幸福"转眼间就变得"理所当然" ……… 48

来一场"发现幸福"的活动 ……… 49

○ 不再非得"朋友多多益善"

为何朋友很多的人看起来光彩照人? ... 51

理解自己的嫉妒心 ... 54

和"自己"这位挚友好好相处 ... 55

○ 不再认为"和别人做比较是坏事"

为什么见到比尔·盖茨也不会消沉? ... 58

消沉的意志也大有可为 ... 60

○ 不再压制内心的怒火

正因为有所感受,才会产生嫉妒 ... 63

将愤怒转化成"作弊"的力量 ... 65

效仿他人,打磨自己的才能 ... 68

设立"排毒日" ... 70

○ 不再寻求别人的认可

决定"幸福"的优先顺序 ... 73

为自己努力是快乐的 ... 76

第 2 章 致在工作中不小心努力过头的人

○ 不再独自扛下一切

尺有所短，寸有所长 ……… 78
"短处"和"长处"能引发奇迹 ……… 80
放弃"为获得认可而努力"的参赛权 ……… 81
不要夺走别人发挥才华的舞台 ……… 83

○ 不再掩饰失败

用"喜欢""擅长"来协调工作 ……… 87
先拿自己的短板和失败说笑 ……… 89

○ 不再和指责你的人对抗

遭受指责时人的运行机制 ……… 93
世上最简单的"无视"技能 ……… 95
如何将处不来的人吸收为同伴 ……… 97
对抗招致攻击，结盟筑成护盾 ……… 99

○ 不再怀疑"责任在我"

迅速接近幸福的方法 ……… 101
马蜂当前，你还会留在原地吗？ ……… 102
其实，人人皆天才 ……… 104

☐ 不再追求刺激

厌倦"风平浪静"的我们 ———— 108
感受"存在"的正念疗法 ———— 110
活在当下，消除焦虑 ———— 113

☐ 不再为喜欢的人全力付出

"为我付出能让你感到幸福吧？" ———— 115
奉献不是被爱的必要条件 ———— 116

☐ 不再秉持"让别人幸福"的想法

幸福的有钱太太都有一个共同点 ———— 120
"他不能没有我"这种想法，会让男人变成废物 ———— 122
提高承载幸福的能力 ———— 124

☐ 不再与心声背道而驰

"付出"是以牺牲自己为代价的 ———— 126
付出的人其实渴望别人为自己付出 ———— 127

☐ 不再被孩童时代形成的思维所束缚

有一种父母之爱叫作"不让你依赖" ———— 130

"不能依赖别人"思维的修缮工程 ⋯⋯⋯⋯ 133

☐ 不再自以为理解他人

和伴侣分享喜悦和快乐 ⋯⋯⋯⋯ 136
只传达自己的真实想法 ⋯⋯⋯⋯ 138
双方在各自的长短处上取得平衡 ⋯⋯⋯⋯ 139
分享彼此的"使用说明书" ⋯⋯⋯⋯ 142

☐ 不再独自苦恼于"无法结婚"

我无法结婚的理由 ⋯⋯⋯⋯ 144
恋情总是撑不过一年的我为什么能结婚 ⋯⋯⋯⋯ 145
向"幸福的人"看齐,更新自我 ⋯⋯⋯⋯ 147

☐ 不再堆砌自信

如何建立永不崩塌的最强自信 ⋯⋯⋯⋯ 150
对"最坏、最糟糕的自己"给予肯定 ⋯⋯⋯⋯ 152

第3章

致在恋爱中不小心努力过头的人

- 终章 -

心声的纯度提高

解开"心声"的封条

为"麻木的心"做康复训练 ……… 156

无法同时看到 "想做的事"和"不想做的事" ……… 157

将"不想做"说出口,就能改变现实 ……… 159

"想做的事"并非都是宏大的

实现"想做的小事" ……… 161

越是放飞自我,世界会变得越友善 ……… 164

原谅过去克制的自己 ……… 166

识别"激情"和"假性激情"

"激情"总伴随着不安和恐惧 ……… 168

"假性激情"并非真实心声 ……… 170

"害怕"就对了,放手"去做" ……… 173

尝试后再放弃也不迟 ……… 174

集结最强帮手的机制

如何集结超级天才 ……… 176

快乐有两种类型 ……… 177

将心声打磨得闪闪发亮

总之先实现了再说	180
"意图"的力量能壮大梦想	183

结束语	185

序章

开启
"发现自己心声"
的心灵之旅

"努力"
并非苦差事

●●● 为了寻求认同而做出的努力,究竟是为了谁?

人类原本就是努力的生物。

人会为了完成某件事而努力。这种努力有时也是生活的原动力。恐怕没有人不认同这种说法吧。此刻翻开本书的各位读者,想必也是很努力的人。

事实上,努力完全不是一件坏事,甚至是值得赞赏的。

我只是希望你能试着回顾一下:

究竟是为了谁在努力?

是为了什么而努力?

从结论来说,我想通过本书向大家传达的是:**比起为别人努力,为自己努力更容易收获幸福。**

更进一步说——

刚才所说的"为自己努力",究竟是怎么一回事呢?

· 希望朋友觉得你很快乐;

· 希望得到上司、前辈和同事的好评;

· 希望得到恋人的赞赏。

无论是谁,都会有"渴望被身边人认可"的"认同需求"。

为了这些所谓的"自我心愿"去努力,并不能算是"为自己努力"。

因为,你努力的动机来自外部,**即"自身外部"的其他人**。

而"为自己努力",其动机来自你自己,**即"自己的内心"**。

用我的话来说,就是类似于以下这种满怀激情的想法:

"现在努力一把,自己将来能变成这样的话也太厉害了吧?太棒了!"

并不是为了别人的评价,而是**预见了努力过的自己,并为此心动**,这样才是"为自己努力"。

• • • 揭开掩盖心声的"封条"

读到这里,或许你会觉得事到如今说这些也无济于事。

也是，突然听别人说"要对未来的自己心动"，你也很难在脑海里描绘出未来的样子。

当你能为自己心动时，便是不随波逐流、遵从自己心声的时刻。
就好比——
好想吃奶油草莓蛋糕啊，可是芝士蛋糕也很难割舍……
那就全买了！
如何？很激动人心吧？

为自己心动，其原理本身简单至极，只是遵从心声，出于自己意愿去生活。能为自己心动，自然就能做到"为自己努力"。
然而，对很多人来说，现实中这很难做到。
那是因为，**他们寻不到能让自己激动的心声。**

这些人违背了心声，在自己**"本不愿做的事情"**上花费大量精力。
比如，为了不被他人讨厌，总是察言观色、赔笑脸；为了不给别人添麻烦，独自完成不擅长的事情。这些便是源自外部的动机，为了别人而做的努力。

这样的结果，就是导致自己的心声被贴上**封条**。

来自"为别人努力"教派的神秘封条。

同时为好几件事而努力总是有极限的。一旦在"本不愿做的事情"上花费时间和精力，用不了多久就会出现超负荷的状态。

于是，**你会在不知不觉间将自己的心声——内心深处"真正想做的事情"尘封起来。**

由此，你在这些问题面前举步不前：为未来的自己心动？为自己去努力？这样的你，即便打算听从心声做自己，也未必能发现那些被尘封的声音。明明近在眼前，却可能忽视它。

发现心声的最佳捷径是舍得抛弃。在这里，我希望大家舍弃的是"为别人努力"这件事。

虽说如此，我们还是很难改变一直以来的惯性思维。所以第一步还是先来解开这个疑问吧：我们为了谁在努力？

不管是《夺宝奇兵》还是《七宝奇谋》,只要解决旅途中遇上的谜题,道路总能一下子豁然开朗吧?

如果能解开"自己总是无意间在为谁努力"这个惯性问题,我们就能揭开内心的封条,找到那个叫"心声"的宝物。

"被爱"
并非特殊奖励

• • • "你也要对我好"是可怕的

为了谁而努力,甚至把自己的心声也封印起来。

这样的人其实有点可怕,带有压迫感。

更可怕的是,这种具有压迫感的人会呼朋引伴,聚集在一块。

"为别人努力",本质上源于友善的心绪。

可是,这种善意越强,越容易出现向别人索求的倾向。

你会要求对方"报以同样的善意"。

换个角度说,没有选择"为别人努力"的人,重视自己更甚他人。

这种"将自我排在第一位"的人,就算身边的人以自我为优先，他也不会有情绪。既然大家都是一样的情况，也没有什么好介意的。

从这个层面上说，**没有"为别人努力"的人，也可说是友善待人。**

这种友善会带来和缓的人际关系，善待自己的人自会聚集在一起。相比之下，停止"为别人努力"更能带来和平，让自己和身边的人都变得幸福。

••• 脑子最爱"消极事物"

明明为自己努力会幸福得多，我们却在不知不觉间为了他人努力。

恐怕是因为我们以为**"努力了就会被爱"**。但真的是这样吗？

"努力了就会被爱"，反过来说，"不努力就不会被爱"。

实际上，这种说法是错的。

为何我能如此断定呢？因为就算不努力，我们生来就应该被爱着。

不努力也被爱着的经历，有人为你做过某件事的回忆——
想必你也有过这样的体验，即使无法立刻回想起来。无论是谁，都是在他人的照料之下，从一个自己什么也做不了的婴儿，成长为如今的模样。

那么，请你回忆一下。
比如你的父母，不仅如此，还有朋友的父母，保育园、幼儿园和小学里的老师，请回忆一下和身边这些成年人之间的过往。
我希望你能循着这些记忆，体会到这一点："**就算不努力，也曾获得了很多恩惠，这就是被人爱着的证明**"。

那么，明明有这么多的过往事例，为何我们会丢失这份记忆呢？
有一个棘手的事实，**消极的事物能轻易在我们的脑子里留下深刻的印记**。人们习惯于将长久的体验当作真相，因为那些消极的记忆，原本经历过的大量积极记忆也会被封冻起来。

也就是说,一旦有过"不努力就不会被爱"的体验,即便感受非常短暂,也会铭刻于心,往后也将残存在脑子里。

因此,现在有必要细细品味==那些封冻住的、关于"不努力也被爱着"的经历==。品味持续得越久,越能将其作为真相重新输入脑海里。

• • • 无须做什么,每个人都被爱着

或许你会觉得,只有一小部分特殊的人才能什么都不用做就被人爱着,事实却并非如此。

无法好好回想起来的人,会不会是太执着于找到什么特别的记忆?但我说的不是这种,而是那种看似不起眼的小事情就够了。

举个例子,在还是小学生的时候,我曾经转学过几次。那时转校生比较少见,有段时间同学们都对我充满好奇。

在那些看向我这个转校生的视线中,我体会到了犹如明星一般的感觉。

可是，一两个月过去后，转校生这个特殊身份会越来越没有存在感。我感到焦虑，仿佛自己在校内人气排行榜上一路掉名次似的。

再加上我不擅长运动，头脑不算聪明，长相又很一般，失去"转校生"这个身份后，我沉浸在"谁也不会和我做朋友"的恐惧之中。

不过，事情完全不是这样。

我还曾认真思考过，应该做点什么稀奇古怪的事来引起同学的注意，但就算不那么做，他们也能好好地和我相处。

这便是我关于"无须做什么也能被人爱着"的记忆之一。

顺便一提，品味这样的体验时，**尽可能去追溯幼儿时期的记忆，效果会更加明显。**

随着我们长大成人，消极的记忆无论如何都会增多，于是更容易产生"不努力就不会被爱"的误解。

只要我们提防这一点，尝试回顾过往记忆，应该就能找到很多反驳的论据。

比如小时候去朋友家里玩耍，是不是毫不费力就得到了果汁和点心的招待？有时还会留下你吃晚饭，在那里过夜吧？

除此之外，回想一下主动对你表示友好的同学和邻居的大叔大婶，**好好体会被善待和被爱的感觉。**只要这样就可以了。

然后，尝试把目光转到当下。

就像回顾过往一般，你应该也能在每一天的小场合里，找到被爱的感觉。

就算不努力，我也是被人爱着的。

咦？这样一来，不就没必要为了他人努力吗？

就算不努力，我是一个非常招人喜爱的人吗？

本书会帮助大家形成这样的思维。

一直以来，在人际关系、工作和恋爱中，出于"不想被讨厌""想被认可"或"想得到关照"这样的理由，我们不断努力。请跟随本书的阅读进度，慢慢舍弃掉这样的习惯吧。

第1章到第3章中分别阐述了不同的情况，但基本的根除方法在机制和逻辑上是相通的。

这一切都是为了形成"无须为别人努力，我已经是被人爱着"的自觉，让大家能遵从心声活着。

如果大家能做好这样的心理准备，对号入座阅读下去，那便是我的荣幸。

那么,我们一起开启"发现心声"的心灵之旅吧。

第 1 章

致在人际关系中不小心努力过头的人

不再信奉 "自讨苦吃就能 被原谅"教

干脆利落地道歉,
神清气爽地前进

• • • "反省"和"自责"是两码事

不知从何时开始,"自行承担责任"一词开始流行,甚至让人觉得,"凡事都自行承担责任"是做人的准则。

虽说对独立自主的成年人有这个要求也可以理解,但过度执行只会带来痛苦。

这里我想提醒大家注意的一点是,**"反省"和"自责"是两码事。**

"反省"是指遭遇失败后省视自己的行动,找出失败的原因,从中吸取教训,下次引以为戒。这是一种看向未来的积极思考。

反观"自责",则是一味地指责自己。没有省思就学不会教训，这样的思考会让人举步不前，徒增痛苦。

我希望大家能舍弃的是这种折磨自己的"自责"行为，而不是看向未来的"反省"行为。

养成自责习惯的人动不动就指责自己，就像加入了某些奇怪教派的信徒。

若要取名，那就是——

"自讨苦吃就能被原谅"教。

"像我这样的人真是没用。对不起，对不起！"这个教派认为，只要以这种方式不断打击自己，展示痛苦的一面，就能得到原谅。

更可怕的是，"和自我的关系"往往会投射到"和他人的关系"之中。也就是说，**习惯自责的人，也会吸引那些会指责他的人。**

不仅是自己陷入自责，还招来身边人的指责。这种会让人陷入困境的自责习惯，我来帮你从中解脱吧。

这么做更容易让你走上轻松自在的人生旅途。从根本上说，如果当真没有自责的必要，我们就无须追求被原谅。

••• 道歉只需一句"对不起"

给别人添麻烦或造成伤害时,大多数人会消极地心生歉意,觉得自己:"做了实在不该做的事……"

这种时候,不被这种歉意拖住脚步,才能逃离习惯性的自责行为。**比起道歉,更重要的是不拖泥带水。**

"对不起!"

大抵只需这一句就够了,只要在那一刻好好传达自己的歉意足矣。那些会习惯性自责的人原本就是懂得认真道歉的友善之人,这样一言带过就行。

比如在工作中遭遇滑铁卢时,你只需带着这种意识,用一句话表达自己真心的歉意,**然后立即进入看向未来的反省阶段,思考下次该如何应对。**

我偶尔会迟到,有时是跟人碰面谈工作,有时甚至是研讨会,不得已让对方等了一段时间。我为此感到抱歉,所以会很真诚地说一句"对不起"。

可是,如果在那之后我仍喋喋不休地指责自己,就会导致会议无法进行下去,搞不好整场研讨会也在沉闷的氛围中结束。为了双方着想,这时候最好还是止言于一句"对不起",

赶快转换心情。

朋友之间也是一样。

当自己的不当言行给对方造成伤害时，你可能觉得这样下去会滋生嫌隙，便不断地打击自己，其实这种情况只需一句"对不起"就能解决。如果你总是絮絮叨叨，对自己口诛笔伐，和那个人之间的关系也会变得不明朗而可悲。

这不等同于"只要道歉就完事"的敷衍心态。**关键在于能为过失痛快道歉的礼节，和凡事向前看的果断。**

想立刻转变意识或许有些困难，我们可以先从认识这一

点做起:

"过去的我,或许是通过折磨自己才获得谅解"。

随着你慢慢摆脱自责的习惯,身边指责你的人也逐渐减少,人际关系随之变得友善。

不再自以为
"被讨厌了"

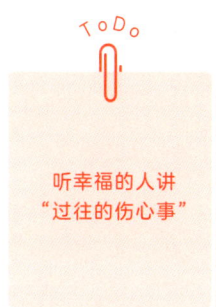

听幸福的人讲
"过往的伤心事"

●●● 人际关系中的风波并非因你而起

消极的记忆更容易烙印在脑海里。

比如"被朋友排挤"这种事,就很具有代表性。除此之外,大家在人际关系上是不是也有过伤心的回忆?

被朋友排挤,被讨厌了,总是交不到朋友……

于是在不知不觉中,你会开始为不被他人讨厌而努力。只有痛苦的记忆强烈地刻印在脑海里,为了不再有伤心的回忆,你努力包装自己,试图讨好对方。

人的性格原本就千差万别,既有与你合拍的人,也会有相处不来的人。从这个前提来看,**任何人都会为人际关系发愁。**

不过,既然有人会为了不被讨厌而努力,就会有人不惧于遭受厌恶。

这种差别取决于对伤心回忆的认识。

上小学的时候,我被欺凌过一段时间。

同样遭受欺凌的还有其他几个小朋友,其中有一个却在升上初中后摇身一变成了受欢迎的人。

或许是因为那个人没有拘泥于被欺凌的回忆吧。

就算有段时间遭受欺凌,这段经历并不会持续一生。虽说记忆是无法抹除的,但我们可以把它当作过去,往前迈进。不拘泥于悲伤回忆的人,**会把那段过往当成"只存在于过去的事"。**

也就是说,你只是在那段时间被某些特定的人讨厌了而已,并不意味着其他人也会讨厌你。换句话说,这样的伤心经历不是你的错,只是偶然发生的事情。

人际关系的风波犹如灾难,在任何人的身上都可能发生。

假设台风来了,没有人会觉得那是因自己而起吧?道理是一样的。即便在过去的人际关系中有过不开心,那也不是你的错。

因此，没必要害怕同样的事会再度发生，或是又一次被别人讨厌。既然都这么想了，那我们也不必为了讨好别人而包装自己。

说穿了，**"被他人讨厌"往往只是你的误解。**

••• 试试幸福之人的思维

遇到那些看起来很幸福的人，或许你会羡慕他们似乎不必为人际关系烦恼。

然而，那些人应该和你一样，在人际关系中也有过不愉快的回忆。

不同的地方在于，正如我前面所说，他们会把那些回忆当作"只存在于过去的事"来看待。

他们"对事不对人"，看问题时会将悲伤经历和自身问题区分开来。

有的人总会下意识地这样思考，也有的人可以通过某种程度的锻炼，让自己的思维从这个角度去看待问题。很多人就是这样，即使有过悲伤回忆，也只是当作过去，幸福地活在当下。

想即刻转变看问题的方式很难。试着观察周围,你会发现:**有些人虽然经历过伤心事,但似乎也能幸福地活出自我。**

光是懂得用这样的目光观察周围,也能让你的认知大不相同。

然后,有条件的话,你可以**倾听那些幸福的人在人际关系中的不愉快回忆,以及他对那段经历的看法,这样会对你非常有帮助。**

听取别人的看法,反而能不费力地借鉴。

主动转变思维很难,但听取别人的经历,接受"伤心往事只存在于过去"的观点,应该也能慢慢消除内心那种"不努力就会被讨厌"的误解。

不再坚持"不准自己讨厌任何人"这种八面玲珑的想法

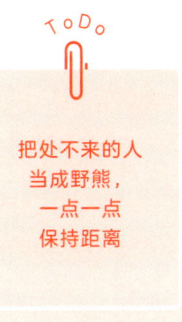

把处不来的人当成野熊,一点一点保持距离

••• 世上没有"其实人还不错"这回事

有人害怕被讨厌,也有人不想讨厌别人。

例如,身边有一个怎么也相处不来的人,你不想和他走得太近。可是这样做有些对不住他,最重要的是,你不喜欢自己是一个会疏远别人的人……

想做一个对所有人都体贴的人,觉得自己想做就能做到。因为有这种**八面玲珑**的想法,结果给自己设了限制,甚至不允许自己"和处不来的人保持距离"。

我希望有这种想法的人,能关注以下两点:

第一,**人生的时长是有限的。**

不用说也知道,我们每个人被给予的时间是有限度的。

为何非要将宝贵的时间花费在那些"怎么也相处不来、想尽可能保持距离"的人身上?

如果游乐园还有三十分钟就要关门,你会特意去乘坐自己并不是很喜欢的游乐设施吗?

更进一步说,如果明天就是世界末日,你会刻意和处不来的人一起度过最后这一天吗?

人生的时长有限,这是不争的事实。从这一点说来,不去亲近跟自己处不来的人是完全合理的,这一点无须多加思虑和揣摩。这并不意味着我们就成了性格糟糕的人。

第二,眼观六路,想做一个对谁都很体贴的人——**这样的人八面玲珑,却唯独没有把一个人放在眼里。**

那就是**"自己"。**

想做到对所有人都体贴,就会无视最该被重视的自己,从而**忽略了自己不愿亲近某些人的心声。**

最珍视你的人只能是你自己。

因此,收回眼观六路的视线,多关注自己吧,这样才能好好地重视自己"和那个人合不来"的心声。

请试着想象一下，面前有一个幼儿园的小朋友，你非常珍视他。

小朋友正愁眉苦脸，因为有人邀请他玩，他却不喜欢那个人，不太愿意去。请试着向他搭话。

你会不会跟他说"怎么能这么说呢？你真是坏孩子，和谁都要好好相处才行"，然后强制送他出门？

你肯定对他说：**"不喜欢就算了，你不想跟他玩的话，拒绝就好了。"**

请把这些话原封不动地告诉自己。

不想讨厌别人的人，会拼命地发掘别人的亮点。

"他说话让我很不愉快，但他绝没有恶意。"

"虽然有些胡来，但那个人也在好好努力啊。"

"他有些笨手笨脚，但其实人还不错。"

为了保持良好的交往关系，你不断地这么告诉自己，而且你更喜欢这样的自己。我能理解，因为我也有过这样的时期。

可是，"绝没有恶意""也在好好努力""其实人还不错"，**这些都是你为了不讨厌别人才产生的幻觉。**

其实你应该让自己听听这些语句前面的部分。面对现实，和处不来的人保持距离,这样能一下子放松心情,聚集在你身边的将全是你爱的人。

想发现别人好的一面是可贵的,的确有很多人凭借这一点搭建出更加充实的人际关系。

然而,过于想发现别人好的一面,封闭自己"不想与之接触"的心声,便无法做到认真重视、理应优先考虑的自己。

••• "练习拒绝"的建议

请再次回顾前文提及的两点:

·人生的时长是有限的

·八面玲珑的人忽略了最该重视的自己

首先应该关注自己,将时间花在自己身上。因此,下次有处不来的人邀请你,你是不是可以一口回绝呢?

理想情况是斩钉截铁地直接拒绝:"我不感兴趣,不去。"

这样一来,对方也会渐渐主动和你保持距离。让那些你苦于应对的人看到你的不好应对,才能更快得到解脱。

不过，对一直想做到平易近人的人来说，这样未免有些难度，会担心给对方留下不愉快的回忆。

要是这样，一开始撒个谎也无妨。

直到不久之前，我还觉得说谎是不应该的。毕竟说谎就表示，你对"拒绝别人"一事怀有罪恶感。**可为了守护自己，我们有必要"练习拒绝"。**

你可以谎称"身体不太舒服"或"太忙了"。

与其为难自己应邀，不如借故推辞。为了自己而说谎，不需要有所顾忌。

看到这里，估计你还是觉得没办法立刻断绝和那些人的往来。毕竟一直以来，你都没能拒绝，应邀而去却带着不愉快的回忆回来。无论是谁，都很难一下子斩断这样的习惯。

即便如此，还是试着在五次邀约当中拒绝一次吧。如果做到了，再尝试"三拒一""二拒一"，撒个小谎去拒绝。

通过这种方式放过自己，至少在与人保持距离方面，能比之前有所改善。

我会给一个建议，尝试把处不来的人当成野熊。

第 1 章 致在人际关系中不小心努力过头的人

不是急于逃离或一口气断绝关系,而是看着对方,一步步后退,慢慢拉开距离。

据说遇到野熊时,不能背对着它拔腿就跑。

野熊看到人的后背就会追过来,所以不要移开视线,要一步一步撤退。

你不必对处理人际关系感到恐惧。

你可能会担心人际圈子变小,但事实并非如此。

和处不来的人保持距离,只和自己真心喜欢的人打交道,反而能让同类型的人聚集而来。

人际关系中"喜欢"的纯度得到提升,周围皆为你所爱之人,你将迎来一个幸福的环境。

不再在处不来的人身上花费精力

散发友善的气场，改变交往关系

••• 所谓的"幸福感"或许是假象？

对我们来说，最幸福的事情莫过于和尊重自己的人来往。

和不尊重自己的人在一起时，自我形象会矮化。一旦形成"我不值得被尊重"的自我形象，就难免会去迎合这种"不被尊重"的人际关系。

和贬低你的人来往是不会幸福的。

尽管如此，不知为何，我们常常在不值得来往的人身上花费精力。

好比在人口为一百的街区里，为了和唯一一个不好应付的人相处融洽，你把精力都花费在他身上，最终身心俱疲。

明明对象换成其余九十九个人会幸福得多，不知为何，你就

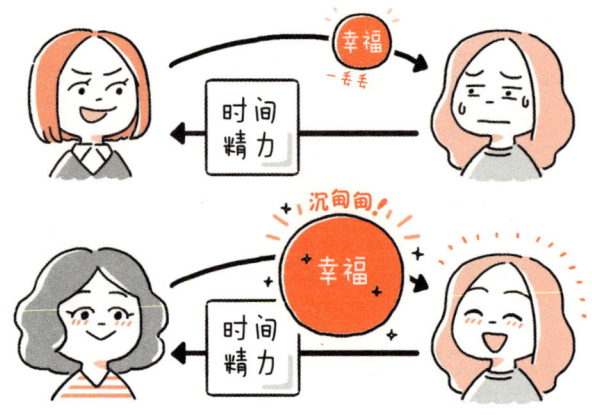

是对那些人不管不顾。

从投资的角度来说,你会明白这样的选择是多么没有意义。

你将自己的资金交给企业,企业会用你的钱来经营事业,然后将其收益的一部分回报给你。试着将投资这种机制套用到人际关系上,你猜结果会如何?

你可以试着把"资金"置换成"自己的时间和精力",把"企业"置换成"身边的人",然后把"回报"置换成"自己的幸福感"。

假设身边分别有"让你感到幸福的人"和"让你感到痛

苦的人"。

那么比较有投资前途的是哪一股呢？

显而易见，应该是"让你感到幸福的人"吧。

一个人的时间和精力是有限的。将这份有限的财产花费在让你感到幸福的人身上，才能大大提升那种称之为"幸福感"的回报。

然而不知为何，你却在"让你感到痛苦的人"身上花费精力。会养成这种习惯，恐怕是因为过去被灌输了一种"要和所有人好好相处"的教育理念。

在处不来的人身上花费过多精力，就会减少在喜欢的人身上的投资。由此，**作为投资的回报，喜欢的人带给你的幸福感也相应减少。我想也没有什么事比这更遗憾了。**

••• 把"处不来的人"变成"只对我好的人"

不过，贬低你的人不一定是坏人。

不尊重他人的人，极有可能在成长的过程中没有得到尊重，或许并不知道如何去尊重别人。从这个层面上说，不能断定那个人就是坏人。

在这种情况下,你将面临两个选项:

其一,不动声色地拉开距离。

如果是可以疏远的对象,那就一点一点淡化关系,直到不再往来。拉开距离后,就能有更多机会和喜欢的人待在一起了。(请参考第31页的"野熊"插图。)

只要和尊重自己的人来往,就不会疲于花费时间和精力在人际关系上。**在相互尊重的人际关系中,单单和那些人待在一起,都能让你觉得幸福。**

其二,改变关系。

当中也会有你不好疏远的对象。

在这种情况下,不要拼命去讨好对方,**只要散发出友善的气场即可。**

在前文中我提到,不尊重别人的人,往往自己在成长中也是不受尊重的。

如果只看这一点,会觉得对方也挺可怜吧?

你就保持这种情绪,在心里想象自己一边轻声说着"你

肯定也经历了很多，不要紧"，一边接近对方，自然就能散发出友善的气场了。

这样一来，奇迹就会发生。**那些一直贬低你的人往往就会像要回应你的友善一般，开始变得温和。**

想必你也见过这样的情况：非常刻薄的人偏偏只对某个人卸下强硬的态度，表现得很友好。

如果有，想必那个人非常擅长和刻薄的人相处。

既不是与之对抗，也不是一味讨好。打个比方来说，友善地安抚刺猬反而能相处融洽。

不再强求
礼尚往来的
爱意表现

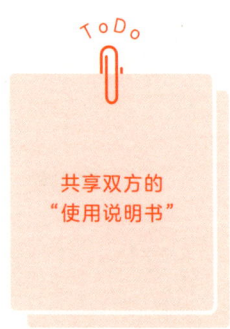

共享双方的
"使用说明书"

• • • 说不定对方是"意大利人"?

人生时长有限,不必将精力花费在相处不来的人身上。这是我们刚谈到的话题。

或许此刻你的脑海里已经浮现出某个人物。

想保持距离也罢,改变关系也好,在那之前,我希望你能考虑一件事——

即便你不喜欢,但那个人的言行举止或许是他自己的一种爱意表现。

无须担心,这并不意味着你必须全盘接受他的爱意表现。不过,清楚这一点后,或许你和那个人的关系能往好的方向发展。

✦ 爱意能传达时……

爱意无法传达时……

据说对关西人而言,"傻瓜"(アホ)似乎是带有亲切之情的褒义词,"笨蛋"(バカ)则用于说坏话,可关东人也会对关系好的友人说上一句带有爱意的"你真是个笨蛋啊"。

再举个例子,意大利人和日本人在爱意表现上大相径庭。

如果说意大利人时常直截了当地赞美对方和示爱,那对日本人来说,委婉地表达爱意已经是最大限度。

毕竟日本这个国度,有那种会将"我爱你"译成"月色真美"的文豪嘛。(这个人是谁呢?答案是……夏目漱石!)

即使是我,也不擅长表达爱意,不会那么频繁地对太太说出"喜欢"二字。

如果我突然像意大利人那样每日不停地倾诉爱意,太太只会觉得我哪里出了毛病吧。

可是,如果是和意大利女人结了婚,她肯定会疑惑为何丈夫没有每天向她表达爱意,从而沉浸在悲伤之中。这种情况,不拜师吉罗拉莫①,学习丰富的意大利式爱意表达就说不过去了。

---

① 出生于意大利、定居日本的名人,在日本经营意大利餐厅,主持电视台节目,也是杂志模特。——译者注(本书若无特殊标注,均为译者注。)

像这样，口头上的爱意表现因人而异，不论国别，每个人也不尽相同。

然而，我们似乎有这样一种习性：**只要不是我们所熟知、所喜爱的事物，就不会归为爱的表现。**

那个人的言行举止不招你喜欢，但说不定是他的一种爱意表现。

或许你们在爱意表现上存在差异，就像关东人和关西人、意大利人和日本人那样。

那个人根本不是想贬低你，或许是想讨你喜欢，却因为用错了爱的方式，反而让你感到棘手，甚至反感。

针对这样的人，只要告诉他"爱我的适当方式"就行。

我经常说，要制作**自己的"使用说明书"。**

这样的说明书能应用到所有的人际关系中，就算对象是言行不讨喜的人也不例外。

••• 传递"反感"信号的秘诀是"若无其事"

举例来说，如果是捉弄你的人让你感到棘手，那么有一种可能是：在那个人的观念里，捉弄就等同于爱。

有的人热衷这种爱意表现,有的人则相反,而你就是后者。

总之,不能由此断言他就是心眼坏。只不过,倘若他能读懂你的反应,就会知道你不爱被人捉弄,在这方面他多少有些过失。

不管怎样说,对方似乎没有体察到你的反感,从而改正错误。这样的话,又该怎么办呢?该不该将"反感"说出口是你的课题,并不取决于对方。

不去疏导这种棘手和厌烦的情绪,选择与对方保持距离,也不失为一种方法。

不过,如果你希望尽可能让对方多了解自己,从而构建更良好的关系,只要有那么一点意向,那就告诉对方"爱我的适当方式"吧。

请向对方出示你的使用说明书,**表明你并不喜欢被捉弄。**

只是,直截了当地说出来是需要勇气的。

诀窍就是不要过于严肃,可以试试若无其事地说上一句"我不太喜欢这样啦"。这样也方便让对方轻轻松松地说一声"这样啊。那对不起啦"。说不定你还能借此机会看到他的"使用说明书"。

通过这种方式彼此深入了解，消除之前的棘手感，可以大幅提高友好相处的可能性。

"咦，是这样吗？抱歉，我会多加注意的。"如果对方察觉后能切实地调整与你的相处方式，这将成为一段良好关系的新起点。

如果事情没有照预期发展，气氛变得尴尬，也不用在意。如果没有带来什么改变，那就到此为止吧。在这种情况下，我们可以换个方向，采取保持距离的策略。

虽然有些遗憾，但你已经尽了自己所能，所以不必为此烦恼。你可以通过这种方式筑造被喜欢的人包围的人生。

不再
尘封本心

通过写信，
输出情绪

• • • 试着将"想说的"写在信里

想说的话很难说出口……
一时反应不过来，事后又心存芥蒂……

在苦于人际关系的那些人当中，有很多人根本不会表达情绪，始终在逞强。就算告诉他要向对方表明"爱我的适当方式"，他也会感到为难。

这种情况下，不如先试着将自己想传达的心情写在信里。

我时常举办一些讲演会，有的听众会马上通过言语和态度给予回应，有的则会不露声色，全程安静倾听。

令人意外的是，**在问卷中有热切反馈的往往是在讲演会中反应冷淡的人。**

我由此注意到,反应冷淡并不意味着没有听进去,有些人内心有热切的想法,通过书写会更容易表达出来。

比起面对面的交谈,独自书写的心理门槛当然降低不少。

因此,不擅长口头表达的人可以先尝试写信。

以"致某某"为开头,认真地当成书信着手去写,就算不交给对方也没关系。**因为写信的最大目的是输出自己的情绪。**

••• 倾吐心声，尽情发笑

以文段的形式输出后，站在客观视角审视自己的情绪，才能察觉并贴近自己的心声。

一个人连自己都不了解，自然没办法善待自己。因此，通过文章输出情绪，试着站在他人的角度审视，有助于做到深层次的理解，从而善待自己。

如果是准备交给对方的信，总会有些顾虑。这样一来，你可能无法完全释放自己的情绪，没办法顺利地贴近自己。

因为心里清楚这封信不必交到对方手里，才能没有顾虑痛快地书写。这也是不以交给对方为前提的目的之一。

如果信没有送出去，对方无法知晓你的情绪，这样不是没有意义了吗？

不是的。通过写信察觉自己的情绪，更贴近自己，往往能让心情更加舒畅。

首先要以大胆到令自己发笑的程度，在字里行间倾诉衷肠：

"哇，这么说好过分。(笑)"

如果写完信，产生了想让对方收到信息的念头，下次就尝试以交给对方为前提来写信吧。这也算是递交了你的"使用说明书"。不过，建议换一种比较温和的笔触来写。出了问题我概不负责。（笑）

不再对幸福熟视无睹

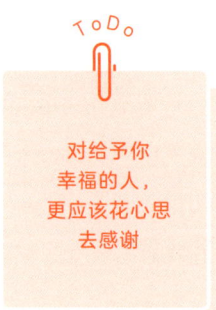

对给予你幸福的人,更应该花心思去感谢

• • • "幸福"转眼间就变得"理所当然"

让你感到幸福的事物,能引领你走向幸福的彼方。

这一点我有切身的体会,越是远离让你感到幸福的事物,无论去到哪里,你的人生都会一团糟,无法过得顺遂。

而让你感到幸福的事物也包括了"人"。

也就是说,**和让你感到幸福的人在一起,能让未来的人生旅途充满丰富多彩的幸福。**

或许听起来理所当然,实际上很多人根本不当一回事。

比方说,你是否每天都能体会到"和那个人在一起的幸福时光"?

如果将积极刺激置之不顾，久了就会变得"理所当然"。

而变得理所当然的事物，能再次唤醒实感的概率也会越来越小。反而消极刺激能形成条件反射……

恐怕这是源于自古以来生物所具备的防卫本能吧。

可如今我们不会再遭遇诸如突然被猎豹追赶之类的生命危险，为了获得进一步的幸福，更应该好好体会积极刺激。

这一套理论也完全适用于人际关系。

正如我们经常说的"等到人不在了才意识到他有多重要"，那种**"和某个人在一起的幸福感"或是"陪伴的恩惠"，不予以重视就沦为"理所当然"，变得越来越难体会到了。**

• • • 来一场"发现幸福"的活动

我们可以培养一种习惯，重新去体会那些理所当然的幸福和恩惠。其实我在几年前就做过类似的事情。

我将它命名为**"带给我幸福的那些人"活动。**

这个活动取得了各种成果，其中最大的收获是，我时隔多年又能跟当年牵线我认识竹田和平先生（我从他那里学到了很多）的熟人一起共事了。这是让我再次深切体会到感恩力量的事情之一。

请你也抽出少许时间,试着回顾一下。
此刻,谁的陪伴让你感到幸福?
不仅关注当下,也试着看向过去。
是谁曾经对你关怀备至,为你带来幸福?

随着一个个人物浮现在脑海里,你可以慢慢体会那种幸福和喜悦的滋味。

然后,如果在条件允许的情况下,亲口传达你的感谢之意,**感谢他们的陪伴带来的幸福,感谢那段快乐的时光**,那就更完美了。

神奇的是,这样一来,人生自然就会转舵驶向幸福。

对相处不来的人不要浪费精力,而对过去和现在为你带来幸福的人,要好好体会感恩之情,并尽可能花心思去传达。

"带给我幸福的那些人"活动是一个重要的契机,对于在人际关系中不小心努力过头的人,我尤其推荐这个方法。

不再非得"朋友多多益善"

要认识到你
并非"不能"
而是"不想"

●●● 为何朋友很多的人看起来光彩照人?

或许有些人一直苦恼于没有朋友或朋友很少。

想拥有很多朋友,为了不招人讨厌,为了讨人喜欢,总是看周围人的脸色行事,有时还会做出一些违背本心的举动。这也是一种让人远离幸福的努力方式。

在继续这种努力方式之前,我希望你能稍微停下脚步,好好思考一下。

朋友真的是多多益善吗?

说到底,你真的渴望交到很多朋友吗?

拥有很多朋友确实不错,身边永远有人陪伴,总有人邀请去各种各样的场合,看起来光彩照人。

在社交网络普及的当下,通过手机和电脑屏幕,我们时常看到这类人的"现充①日常"。反观自己,很多人可能会陷入消沉的情绪。

看到朋友很多的人就会感到沮丧,究竟是为何?**罪魁祸首正是"朋友多多益善"这种刻板印象。**

只是因为我们从小被植入一种"能不能交到一百个好朋友"的价值观,才会认为"朋友多多益善"。

问问自己,或许会发现你的心声是"朋友并不是需要太多"。

也就是说,**或许你并非"不能"交到朋友,而是"不想"。**

其实,当下的现实也有"受你的期望牵引"的一面。如果此刻你的朋友没有那么多,这种"没有那么多朋友"的现实或许就是你所期望的。

当然这不是绝对的,所以我才希望你停下脚步好好思考。

朋友真的多多益善吗?

我真的渴望拥有很多朋友吗?

---

① 日本年轻人所用的网络流行词,意思是现实生活很充实的人生赢家。

• • • 理解自己的嫉妒心

不是所有人都认为朋友多多益善。

有的人更渴望小范围内的深入交往,也有的人认为得一知己足矣。

至于我,数量倒不成问题,最重要的是,半径三米之内都是我最爱的人。只要身处"喜欢"和"幸福"高度集中的圆环之中,我就能感到无比幸福。

朋友的数量以及你与朋友之间的距离感应该维持在什么水平才是最佳状态?这个答案因人而异。

但在现实中,有的人会因为朋友很少或没有朋友而感到低落。

那就先从"亲近自己"开始吧。

"和谁都能打成一片确实不错,我能理解。"

"很羡慕朋友多的人吧,我明白。"

"看到那样的人后很受打击吧,我都懂。"

你可以这样亲近自己,然后慢慢发现自己的心声。

"不过，要是经常有人约你出去，会受不了吧？"

"比起受邀，我更喜欢主动约一个合得来的人出去。"

"其实一人独处的时间不也挺幸福的吗？"

"我觉得只要偶尔能和意气相投的人见上一面，那就足够了。"

这样一想，你就不会被"交到一百个朋友"的普世价值观折磨，对自己也能给出深切的肯定。

正如前文所说，==那些没有实现的事情是有隐情的：你自身并不渴望去实现它。==

当你察觉"并不是不能，而是不想""那就是自己想要的结果"之后，就会放下心来。这种放松感将成为一个解放人际关系、让人生变得适意的起点。

• • • 和"自己"这位挚友好好相处

那么，如果你发现自己确实渴望拥有很多朋友，该怎么办呢？

渴望交到朋友却不能如愿的人都有一个共同点：==他们会不断否定自己。==

明明希望交到朋友,但内心深处的想法却是:

"没有人会喜欢这样的我。"

"我注定要孤独终老吧。"

正因如此,他们害怕释放真正的自己去跟别人坦诚相对,而选择了看人脸色行事的努力方式。

要完完全全亲近自己,才能让现实发生巨大的变化。

和他人的关系,往往反映了与自我的关系。只要亲近自己,善待自己,改善与自己的关系,他人也愿意来亲近你。最终你也能以自己本真的面貌交到朋友。

这一生和你相处最久的还是自己。

和父母、朋友、伴侣一起度过的时间是有限的。唯独那些和自己一起度过的时间,会横跨出生到死亡,贯串一生。

换句话说,最亲密的朋友正是你自己。

要结交更多的朋友也好,维持现有的人际关系也好,不管怎么选择,都请先亲近自己这位大挚友,找寻内心深处关于最佳人际关系的答案吧。

第 2 章

致在工作中
不小心
努力过头的人

不再认为"和别人做比较是坏事"

从自卑感中发现自己的才能

••• 为什么见到比尔·盖茨也不会消沉?

工作中,有的人会拿自己与成功人士做比较,消沉过后一不小心就努力过了头。

受到他人成功刺激后的发奋图强是值得赞赏的。

可是,如果为了变得像某个人那样成功并得到周围的人认可,而强迫自己变得奋勇,那就谈不上是幸福的努力方式了。

说到这里也让人不由感叹,经常浏览他人日常的社交网络,确实给人带来很大的影响。

从前我们所见闻的成功故事大多来自朋友和同事,往远一点说,不过是有来往的同行公司或客户方那边的人。

然而如今,即使是未曾谋面的人,我们也能看到他们熠熠生辉的人生轶事。

在这样的社交网络时代，我们更容易在和他人的比较中感到消沉，以至于选择了与幸福背道而驰的努力方式。

说到应对社交网络的方式，有人说："所有人都选择上传自己光鲜亮丽的一面，那并不是他们的全部。"这倒是一种不让自己陷入消沉的方法。

不过，只要掌握技巧，**我们也能活用社交网络积极的一面。**

原因在于，对于陌生人辉煌的成功故事，究竟是**"不想看到却不小心看到"**还是**"过去没机会看到但现在能看到"**，取决于你自己的意识。

说起来，为何和别人做比较会让人感到消沉？

更进一步说，究竟是和谁做比较会让人消沉呢？

假设有个人以创业为目标。

这个人见到比尔·盖茨或孙正义①后，难道会感到消沉？拜读史蒂夫·乔布斯的人物传记后，他会感到消沉吗？

正因为怀有敬意，他才不会消沉吧。究其原因，**还是这**

---

① 日本软件银行集团董事长兼总裁，国际知名投资人。

些人物太遥不可及了。

那么,这个人见到运动员大坂直美[1]或诺瓦克·德约科维奇[2]选手后会消沉吗?或是见到羽生结弦[3]呢?

他会觉得这些人很了不起,但不会感到消沉。说到底,是因为这些人物的竞争领域和自己毫不相干。

••• 消沉的意志也大有可为

那么,他见到谁会感到消沉?

没错,见到在同个领域里竞争,且站在自己能达到的高度之上的人,他就会感到消沉。

正因为他自己也有达到那个高度的可能性,所以将现阶段没有成功的自己和已经成功的人做比较时,这种落差会让人产生自卑。

和人做比较后感到消沉,证明你相信自己具有可能性,

---

[1] 日本网球运动员,曾获美网、澳网女单冠军。
[2] 塞尔维亚网球运动员,拥有多次问鼎职业球赛冠军的传奇生涯。
[3] 日本花样滑冰男子单人滑运动员,曾多次打破世界纪录,多次在国际赛事中夺冠。

认为自己可以变得和那个人一样,甚至有机会更优秀。

这也说明现实中你潜藏着那样的可能性。

用一句话概括就是:你有那方面的才华。

因此,和人做比较后感到消沉完全不是坏事。

不仅如此,如果因为不愿受伤而从那个让你消沉的人身上移开视线,也相当于回避了你所追求的姿态。

有时,消沉的意志也能成为人生的助力。

不如今后培养这么一种意识吧——和人比较后会消沉是可以理解的,甚至是绝好的!

这是让你学会更加积极地看待他人辉煌的基础。

对于社交网络上铺天盖地的成功故事,你的看法也可以从"不想看到却不小心看到",转变成"过去没机会看到但现在能看到"。

这不意味着你将不再消沉,反而还要**"如何运用这份消沉的力量"**的课题。

首先,你要意识到"和人做比较后感到消沉是可以理解的,毕竟我也有那样的才华",避免在消沉的情绪中无法自拔。

先从贴近自己的内心开始吧:

"哎呀,我现在可消沉了。原来如此,是因为我想变得像他那样啊。"

不再压制
内心的怒火

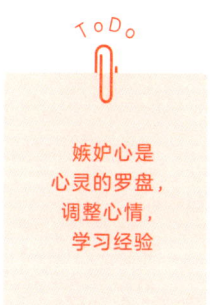

嫉妒心是心灵的罗盘,调整心情,学习经验

●●● 正因为有所感受,才会产生嫉妒

如果总是以消沉的情绪思考问题,可能会认为别人的人生一帆风顺,然后因此感到愤怒,产生嫉妒,就像这样:

"哎呀,我现在可消沉了。原来如此,是因为我想变得像他那样啊。"

~"所以,为什么那个人能如此顺遂?"

~"他好像也没做什么了不起的事情啊……真不公平,太不爽了!"

虽然嫉妒心本身是一种负能量,归根结底还是取决于你的看法。

首先要意识到，**让你感到嫉妒的事物就是你应当前进的方向。**

和人做比较时感到消沉，就证明你也有那方面的才华。**而嫉妒心就是指引前进道路的心灵罗盘。**

没必要刻意压制感到不公和愤怒的情绪，心生怒火是因为你的心灵罗盘强烈地指向了那个方向。嫉妒心能让你明确自己的方向。

这样一来，你就不会任由妒火中烧，备受折磨，以致忽略别人的成功中那些值得学习的地方。

其实我也无法做到诚恳地向那些一帆风顺的人学习。

面对德高望重的老前辈时还能立雪求道，但换作是年纪轻轻的后生，就怎么也无法放下尊严受教。

我会感到不爽，会觉得"这小子在神气什么啊"，还吹毛求疵，认为那家伙虽然取得了成就，但在某些方面还是不胜其任……现在想想，我的格局真是小了呢。

不过，我多少有所察觉自己会愤怒，是因为我肯定从他身上感受到了什么，**否则愤怒从何而来。**

所以我是究竟感受到了什么呢？我试着想象了一个十年后志得意满的自己，并和这个"我"有了一番对话。

"那个人太让人不爽了，这叫个什么事儿啊？"
"这是因为，对现在的你来说，那个人就像导师一样。"
"咦，是吗？"
"嗯，试着向他学习吧，绝对会有所改变。"
"明白了，我会试试看。"

写成台词看着是挺奇怪，但和自己重复这样的对话后，我调整好了心态，即使面对成功的后辈也能虚心学习。每当嫉妒心萌芽时，我就意识到：那是自己的内心渴望着向别人学习。

••• 将愤怒转化成"作弊"的力量

既然明确了方向，下一步就该落实了。

首先要具备偷学本事的眼光，观察那个人的言行举止，将他的每日行动记录在纸上。

这一步将极大地改变你对他"一帆风顺得让人不爽"的看法。

对你来说,那个人的出现完全不是负面的,其实是值得感激的,他让你知道了自己真正想实现的事情。他是光彩夺目的,你不该移开视线,反而要好好直视他,仔细观察一番。

只要抱着虚心学习的心态去观察对方,总会找到自己能有样学样的部分。

通过模仿来缩短和那个人的距离,再以他的失败为反面教材。这将是一件很划算的事。

一直以来，你可能只看到他取得的成就，从而产生了消沉和嫉妒的情绪。

不过，试着分析一下就会发现，他每天所做的事都很琐碎。等你在学习他的过程中逐渐得心应手之后，你会真心感谢对方教会你的事情。

感激过后更虚心向学，可以形成良性循环。

在你看来，那个人取得了一定的成功，那么他每天所做的事情就是你的"标准答案"，每一步都会有可观的成效。

将这些"标准答案"记下来，就相当于抄了优等生的答卷。

如果能将原本消极的嫉妒心转化成积极的能量，简直就像在成功法则的考试中任你"作弊"一般。

此外，更理想的情况是有一个环境能让你向身边的人坦言嫉妒心。

在那个环境中，身边的人能客观地看待你，向他们倾诉能让你更明确自己的方向。

"我最近非常妒忌这个人。"
"总觉得，看不惯他这一点。"

倾诉会让人放松下来，之后再和对方一起探讨分析，随着对话的进行，或许你就可以找到自己能效仿的事情。

••• 效仿他人，打磨自己的才能

记录一帆风顺的人每天都做了什么，然后从中找出一两件去尝试实践，仅仅如此就能让人感受到现状开始发生变化。**重要的是，就算你不想全盘学会，从某一处开始学习也无妨。**

假设你研究这个人后发现他有一百个闪光点，很难全部效仿。如果你这时认为自己无法变得像那个人一样，进入自我否定的模式，那就本末倒置了。因此，不要从一开始就想着全盘效仿，从自己能做到的地方一点一滴开始学习就可以了。

请不要误会，这并不是说"全盘效仿是无法达成的，出于无奈才聚焦于一两处细节"。

锁定自己能效仿的事情，才是实现突破的关键。
因为人总会倾向于从自己能发挥才华的事情入手。

如果你认为那是自己能做到的事情，那便是你此刻向往的事情，更进一步说，就是能发挥自己才华的事情。

举个例子，假设有一位网络红人，不管是视频剪辑、博客文章，还是照片墙上的照片都深得你心，也觉得他能持续每天更新内容真是很了不起。

此时你只需将自己的不爽转化成"作弊"的力量，试着写下他的成功法则，在视频剪辑、写文章和拍摄照片这些方面各总结五个要点。

你可以思考一下自己能效仿哪一方面，然后选出想尝试的某几项。那些便是你的才华所在了。

人在发挥自己才华的时刻总是愈发光彩夺目。

在记录成功人士行动的"作弊"小抄上，你可以着眼于自己能完成的一两项，打磨自己的才能，这将成为你实现巨大飞跃的契机。

看到这里，有些人或许已经发现了。
·和别人做比较后感到消沉，证明自己有那方面的才华。
·嫉妒心是明确自己方向的心灵罗盘。
只要舍弃"消极情绪即坏情绪"的偏见，正视自己的情感，就能站稳自己的脚跟。

能否被他人认可不重要，只从自己的角度出发去思考问题。这一切都是为了自己所作的努力，是一种为了让自己变得幸福的奋斗。

••• 设立"排毒日"

如果你能认识到"嫉妒心是心灵的罗盘"，或许也能懂得逐渐放下"消极情绪即坏情绪"的执念。

我们都是活生生的人，遇到比自己顺遂的人都会陷入消沉，产生嫉妒心理。就算是我，也时常感到焦躁不安，如坐针毡。

可是，否定这些情感就等同于否定自己，这种情况一般不会有好的结果。

关于消极情绪，即便你想消解它，它也挥之不去。

你越想加以抑制，情绪就会越积越多并持续发酵，膨胀几十倍后迎来大爆发。到那时若想恢复原状，需要花费很多时间。

所以不如接纳怀有消极情绪的自己，主动亲近自己。**在此也建议大家设立一个"排毒日"，偶尔好好释放自己的消极情绪。**

一旦你想加以抑制，消极情绪就会在说不清道不明的情况下发酵膨胀。但如果能倾吐出来，便有利于整理好思绪，从而消解这些情绪。

不是让你强制性地打消情绪，而是倾吐出来让它往生，这样说应该更好理解吧。

在我还不到35岁时，我也遇到过看着就火大的对象，所以给自己设立了一个"排毒日"。

我决定在那一天当一个彻头彻尾的坏人。将那个让我感到火大的人，以及我看不惯他身上的那些地方，统统都写了下来。印象中，当时我经常写这种"让我火大的人清单"。

纯粹为了排毒的发泄，可以让心灵卸下负担。

到了第二天，**托排毒的福，我又能做个好人了**。

然后，当你认定今天"是一个事事顺遂的好日子"，并决定在今天做一个好人，试着回顾一下那个"让我火大的人清单"吧——你会发现，那个让你火大的人身上以及他那些让你看不惯的地方，居然都是你应该学习的精华！

也就是说，你能看到那些人的过人之处。

"排毒日"不仅仅是一个发泄压力的日子。

正如前文所说，会产生"不爽""看不惯"这种情绪的波动，无疑是因为你的心灵罗盘感应到了某些事。

那么，我们要如何往那个方向前进？让答案变得明确的方法，便是"排毒日"了。

你写下的全部内容，都是那些人身上你所在意的地方。
而你所在意的，都是你要去学习的地方。

从结果上说，在"排毒日"写下那些人身上让你看不惯的地方，也是一个让你从那些自己有所触动的人身上整理出知识点的过程。

不再寻求别人的认可

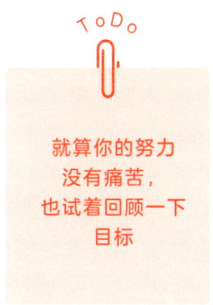

就算你的努力没有痛苦,也试着回顾一下目标

••• 决定"幸福"的优先顺序

为了获得大家的认可,为了不给别人添麻烦,就算受苦受累也要拼命努力。很多人都不得不身处于这场名为"努力"的竞赛。

说到底,工作本就会跟着一个明确的"评价"。

因此,大家会理所当然地倾向于以他人为轴心,为满足认同需求而努力。工作得到肯定让人高兴,"获得肯定"是值得的——对我们来说,这种心理是顺理成章的。

不过,在这些努力当中,"不是出于认同需求,而是为了自己在努力"的情况也不在少数。比如想挑战新的事物,或是志在钻坚仰高。你细细体会这样的努力，能提高自己在工作上的幸福指数。

反过来说，**当某件事当中"为自己所做的努力"占比太小，意味着你应该果断放弃**。如果无法彻底移根换叶，不如有意识地慢慢改变方向。

其实，我也曾为了自己放弃了一件事。

一直关注我博客的朋友可能注意到了，这段时间博客更新的频率有所下降。

之前，我一天内可能会更新六到七次。

这么频繁地更新，自然会导致我的博客访问量在当天的"商业"话题榜上位居第一。我并不是为了拿第一才开始写博客的，但获得第一还是很值得开心。

于是，在这种喜悦的驱使下，我开始无意识地变成为了自己能保持当天的第一而更新博客。直到某一刻，我才突然意识到这件事。

契机是有一次我的孩子希望我能和他玩，我却回应他："现在我有事要忙，等会儿再说。"

孩子的成长总在弹指之间。孩子每一刻所展现的模样，只会停留在那一刻。我却将其排在第二位，选择了优先更新博客。在那一刻，我意识到了：

"对我来说，难道博客排第一这件事比孩子的成长更重要吗？"

这么一想，我的热情迅速冷却下来。

降低更新频率后，博客的排名也有些许回落，固定在第八名的位置上。如果再努力一点，每天多更新一篇文章，排名就会再次升至第一位。

但是我总觉得如果每天更新博客，这件事好像就变了味儿，所以现在我是按比较自在的节奏更新。

对我来说，更新博客这件事本身没有什么痛苦。我原本就爱写文章，只要想写也可以得心应手。

可是，**就算这种努力没有痛苦，也不代表它是我心中的第一选项。** 对我来说，最重要的事，是能有更多时间陪伴孩子。出于这个原因，我放弃了"每天数次更新博客以获得排名第一"这件事。

••• 为自己努力是快乐的

像这种**乍看之下并不痛苦的努力，正因为没有受苦受累的感觉，才是需要警惕的。**对照前文我的经历，也印证了这一点。

当然，如果你在努力中觉得痛苦，那就证明你被迫做着自己不愿做的事情。

你不是为了自己，而是为了得到别人的认可而努力。

因为"为自己努力"是乐此不疲的，理应不会感到痛苦。

我并不是在建议你去质疑正在努力的一切事物。

只是，你的努力究竟是为了什么？

就算不觉得痛苦，但如果纯粹是为了获得别人认可，比如我为了拿第一而不断更新博客，那么这份努力应该亮起黄色信号了。

我希望你试着回顾一下，为了持续这样的努力，你是不是将其他重要的事物排在次要位置？比如和孩子或伴侣一起度过的时间，抑或是自己独处放松的时间。

你的努力值得你将重要的事物退居次位吗？

这和我在第1章第26页中列举的例子是一样的。想象一下这种极端的情况："如果明天是世界末日，你还会继续做这件事吗？"这份努力的价值立刻一目了然。当你发现其实自己更在乎其他事情时，那或许就是你该果断放弃的时机。

不再独自扛下一切

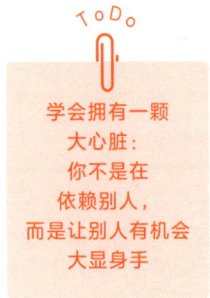

学会拥有一颗大心脏：你不是在依赖别人，而是让别人有机会大显身手

••• 尺有所短，寸有所长

不必勉强自己继续做内心并不想做的事情。拿出敢于放弃的勇气。

看到这里，想必很多人会这么想："**工作中总有你不想做却拒绝不了的事情啊。**""**大家是一个集体，如果遇到不想做的事情就推辞，工作不就完成不了吗？**"

事实上，这样的事并不会发生。

人们总觉得"自己不想做的事情，别人肯定也不愿意干"，所以有很多人会独自扛下那些自己不想做、不擅长、不乐意的事情。

可是，很多你不愿意做的事情，恰恰是别人想做的事情。

对于这一点，我有切身的体会。

当我还在父亲公司就职的时候，借助互联网实现大幅上涨的营业额，有一段时间开始出现明显的下滑。

这不可能是因为我的工作能力突然下降了，但业绩确实下滑了，而那个原因让人大跌眼镜。

为了实现经营管理，公司规定拿下订单后要在员工共享的工作表中做记录，可我对办公事务实在一窍不通，经常输错数字，所以非常不愿做这件事。

为了尽量避开这项伴随着痛苦的事务，就算订单数减少我也觉得无所谓。**估计就是在这种深层心理的驱使下，我无意识地导致了自身业绩的下滑。**

当时一位喜欢填写工作表的会计同事成了我的救世主。

"一看到满是空格的工作表，我的心情就和登山家一样。有一位登山家说过：'因为山就在那里。'[①]对我来说就是'为

[①] 这句话出自英国探险家乔治·马洛里，在被问及为何要攀登珠穆朗玛峰时他是这样回答的。

什么要填表格,因为那里有空格'。每次填完所有空格,我都有一种特有的成就感。"

我实在无法理解这种爱好,反正在那之后,填表格的任务都交给了那个人。

如此一来,我得以专注于业务,没过多久又重回了以往的业绩水准。

如果我"明知自己不擅长填表格却硬要完成它",然后独自承受这个任务,想必我的业绩会一直在低谷徘徊吧。对我来说这非常痛苦,对公司来说也不乐意。

• • • "短处"和"长处"能引发奇迹

在这份事业刚起步,开始举办研讨会和讲演会的时候,我也遇到了类似的情况。

我喜欢在别人面前演讲,除此之外的事情一窍不通,比如管理参会者的进账情况,或是事先撰写演讲摘要等工作。在一筹莫展的时候,我将这些工作交给了有兴趣的人来做。

可以说,如果没有那些人,我基本没办法完成这份事业。

无论是什么工作,身处什么样的职场,都是一样的道理。

每个人拥有的才华不尽相同，正是集结了各种各样的技能，才能最大限度地提高效率完成工作。

这种"工作最终取得辉煌成就"的奇迹之所以会发生，肯定是因为"自己的短处"和"别人的长处"，或是"自己的长处"和"别人的短处"碰撞出火花。

因此，我衷心建议那些独自扛下一切的人，请允许自己多一些依赖别人，接受别人的帮助。

••• 放弃"为获得认可而努力"的参赛权

那些独自承担、努力过头的人，恐怕内心都沉睡着一种"努力过却得不到认可"的记忆吧。

尽管这样的记忆不算多，但消极的记忆会强烈地烙印在脑海里，因此有可能形成"即使努力了也做不好"的自我形象。

"做不好会让身边的人失望""明明可以做得更好"——带着这种想法的你会觉得必须更加努力，于是逼迫自己加入了一场"为获得认可而努力"的竞赛。

这种情况下，关键点是要犒劳有过这种经历的自己。

"你真的很努力了。"

"你已经尽力了。"

"没关系的。"

对当时的自己给予充分的肯定,给过去做一个结论,让自己得到治愈。

学着不再批判自己,慢慢打消"凡事都要独自承担"的念头,尝试去依靠别人。

沉浸在"为获得认可而努力"竞赛中的人,往往是无法

得到别人认可的。

他们为获得认可拼命努力着，所以一旦发现自己不是最努力的人，就会担心自己失去用武之地。别人正在努力，对他们来说就是一个生死攸关的问题。

正因如此，你要学会肯定"努力过的过去"以及你自己，才能消除"若不成为最努力的那个就没有用武之地"的不安想法。

之后，你会变得放心，懂得认可别人的能力。去尝试接受别人的援助也能让事情进展顺利。

••• 不要夺走别人发挥才华的舞台

求助他人听起来可行，但毕竟是把自己不想做的事情推给别人，多少有些过意不去——如果你有这种想法，请试着想想以下的观点：

"我做不好、不想做的事情，恰恰是别人的乐趣所在。"
"独自承担这些事情，就是在剥夺他人的乐趣。"
"求助他人，是给那些具有不同才华的人提供一个舞台去

大显身手。"

如何?我希望你可以借由这种方式稍微改变一下想法。

请想象一下。

你独自扛下了自己不想做的工作,而在你不知道的地方,某个人却很向往你的工作。

可以说,你是在剥夺那个人的表现机会。

或许你一直认为凡事都能独自完成是一件了不起且讨人喜欢的事,但事实正好相反。

每个人都希望能被别人信赖，渴望展现自己。如果能在自己热爱和擅长的领域发挥作用，他的内心就会欣喜若狂。 热爱和擅长的领域因人而异，社会的构成真是让人叹为观止。

因此，即便你扛下了自己不想做的工作，也不会有人为此感到高兴。

能巧妙地将自己不擅长的工作分配给拿手的人来做，这样的人才是了不起的。

"自己不愿意做的事情，别人肯定也不想做"——如果你能意识到，这种想法本身就是大错特错的，或许对于双方来说不失为一件幸事。

向别人表明你不愿做"自己不想做"的事情，绝不是一种任性行为。

这是在**制造人和工作适配的机会，**向擅长做这项工作的人敞开活跃身手的大门。

在经验尚浅的时候，尝试自己不想做的工作是有一定意义的。挑战自己从未做过的事情，在自己做不好的事情上取得进步，都是不错的体验。

可随着工作履历的增长，对于自己适不适合、擅不擅长这个问题,你自己是再清楚不过的。

尝试之后发现自己不擅长、不喜欢、不适合,那就没必要独自揽下这些事情了。

在放过自己的同时,别人也能在喜欢的事情上更大程度地展现自己。请你抱着这种想法,一点一点放下那些自己不愿做的事情吧。

不再掩饰失败

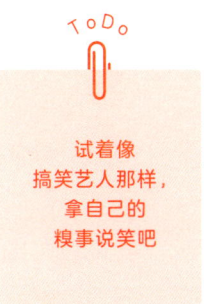

试着像搞笑艺人那样，拿自己的糗事说笑吧

••• 用"喜欢""擅长"来协调工作

把自己从不想做的工作中解放出来，让别人更大程度地展现自己。

最简单的方法就是制作并共享各自的"使用说明书"。

在第1章（第41页）中，我提到要在"使用说明书"里展示"爱我的适当方式"，即"哪些做法让我不愉快，哪些做法让我感到高兴"。

而工作就是将各自"热爱"和"擅长"的地方集结在一起，弥补各自"讨厌"和"不擅长"的地方，从而完成某件事。因此，**职场上的"使用说明书"应当写明"能让我发挥作用的适当方式"。**

如果大家能相互阐明"自己讨厌和不擅长的事情",以及"热爱和擅长的事情",应该能顺利协调好工作,就像这样:

"咦,某某,你喜欢填表格那方面的事务啊,那统计数据的工作就交给你了。"

"某某,你非常擅长交流和说服别人,和合作商之间的交涉工作交给你可以吗?"

一旦掌握每个人热爱什么、讨厌什么,擅长和不擅长什么工作等基本信息,就能活用每个人的个性,让工作变得幸福。

顺便一提,对工作的喜好和擅长与否,不是固定不变的,往往会发生变化,**因此"使用说明书"也应该以每年一次的频率进行更新。**

之前在多个企业担任顾问的时候,我也引入了"使用说明书"的方法,效果一针见血,所有人都能更有活力地开展工作。

••• 先拿自己的短板和失败说笑

要让"使用说明书"达到最佳效果,有一点很重要——营造"勇于笑对自己的短板和失败"的氛围。

如果没有这一点,"不擅长""讨厌"或"不适合"做某件事会招致愧疚的心情,导致你无法将不想做的工作交给别人,不敢专注于自己热爱的事物。

那么,怎么做才能在职场上营造出"笑对短板和失败"的氛围呢?**你可以先从取笑自身无关紧要的短板和失败,包容别人的短板和失败开始。**

虽说如此,但若是拿一些会对公司、团队造成损失的失败来说笑,别人会觉得你制造了这么大的麻烦还敢嬉皮笑脸的,难免产生反感。比方说,我们可以拿自己不擅长整理文件这点来说笑,但如果丢失过公司对外保密的重要文件,可万万不能这么做。

而如果是自己先垫付了经费,却弄丢了必须提交给会计的发票,此时造成损失的只有你自己的钱包,拿这件事来说笑倒是没关系。

"哎呀，当时开的发票不知道放哪里了。我在这种事上真容易掉链子啊（笑）……啊，找到啦（然后从抽屉深处抽出皱巴巴的发票）。"

这样说大家能明白了吧？主动用一些能让众人付之一笑的小短板和失败来说笑就可以了。

或许你担心暴露自己的缺点会被别人瞧不起，其实不那么完美的人更受欢迎。

试着想象身边有这么一个存在不足的人，你当真无法接

受他吗？完美的人让人难以接近，而有缺点的人让人感受到"人无完人"，更容易亲近。

畅销书作家翡翠小太郎曾说过：**"人因优点而受尊重，因缺点而被喜爱。"** 我觉得这句话很有道理。

在社交网络上发表言论的时候，让我吃惊的是，比起充满干劲特意为大家写下的文章，不经意发布的那些糗事反而会收获大量点赞。比如像下面的这一条：

"去到银行才发现忘带钱包。回家拿了钱包后再次跑到银行，却发现银行卡没有放在钱包里（~在线等）。"

也就是说，暴露缺点不仅不会被瞧不起，反而极有可能更收获好感。将这一点一并考虑在内，拿自己的短板和失败说笑将不再可怕。

如果对你来说，突然这么做有一定难度，那不如求助专业人士吧。说到拿自己失败和短板说笑的行家，**那还得是经常出现在深夜电视节目上的艺人，他们津津乐道于自己的失败经历。**

这样一来，你也会觉得自己的失败没什么大不了，能和身边的人一起放声大笑。

与此同时，**你绝不能指责别人不明显的短板和失败。** 为了不让那个人陷入消沉，请务必主动营造出"搞砸了也没关系"的体谅氛围。这只是很小的一步，但在每一小步的积累下，能逐渐营造出"笑对短板和失败"的氛围。到那时，"使用说明书"才能发挥出最大的效力。

谁也不会怀着愧疚遭受责难，每个人都学会依靠别人、接受关照，充分发挥自己的个性。不仅是自己，身边的人也能通过幸福的努力方式收获成果，让工作环境达到最大程度的完善。

不再和
指责你的人对抗

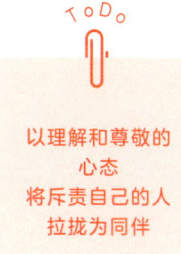

以理解和尊敬的心态
将斥责自己的人
拉拢为同伴

••• 遭受指责时人的运行机制

笑能轻易且有效地让职场氛围变得轻松,是一味能让所有人消除压力、发挥实力的特效药。

一旦长时间置身于巨大的压力之下,人的实力就无法发挥出来,甚至之前能好好完成的事情也会做得不好。可以说,越是没有压力、笑声不绝于耳的环境,团队的效率就越高。

然而,团队中也有人会对营造这样良好的职场氛围百般阻拦,——这很让人伤脑筋。

对于那些不足挂齿的失败,明明可以一笑了之,有的却会刻薄地加以指责;有的说是训斥,却没有一点建设性意见,对别人的成长毫无帮助,还夹杂着否定人格的非理性谩骂;有的则装腔作势，过分贬低他人。

我们也来探讨一下应对这些场合的处理方法。

话先说在前头，我们要讨论的绝不是"一击驳倒对方""一句话就让对方哑口无言"的攻击性手段。

对于前文列举的那些不好应付的人，**其实比起攻击对方，采取"吸收为同伴"的策略，各方面会更顺利一些。**

在我说明这个方法之前，试着思考一下那个人为何会不讲理地叱责别人，而你为何成了他的训斥对象。

首先，**那个人会不讲理地叱责别人，恐怕是因为他自己就是在这种责骂中成长过来的。**我们可以认为，现在这种训斥别人的行为很大程度反映了少儿时期他所接受的教育方式。

其次，你为何成了他的训斥对象？

有以下两个原因：

让人震惊的是，这搞不好是你爱意的杰作。**你站到了接受叱责的立场上，通过这种方式帮助对方消解压力。**这正是第一个原因。

另一个原因是，**你对对方怀有报复心。**你打从心底憎恶对方，并想惹恼他。在这种情况下，由报复心引发的态度有可能火上浇油。人心真是不可思议。

首先还是试着和这样的自己谈一谈吧。

"我是在帮他排解压力？还是在报复他？"

"应该是第一种吧，可是，我为什么非得做他的出气筒呢？"

"原来我是想报复他啊。可我就那么想报复他，甚至不惜遭受这种伤害吗？"

单凭这样的对话，也能帮助你脱离"恶意叱责和被叱责"的循环。在此基础上再采取以下方法，就不会被卷入对方没来由的怒火之中。

• • • 世上最简单的"无视"技能

方法可细分为两种，也可以说是分成两个阶段。

其一是"无视所有话语"，其二是"吸收对方"。

首先，要做到无视所有话语，先尝试在脑海里将对方当成五岁小孩。

不管是比自己年长多少的对象，都一律看作是五岁小孩在对父母无理取闹,哇哇大哭。

有了这层想象之后,看问题的方式也会发生改变。

将自己当作长辈,像大人疼惜小孩那样安抚他:"嗯,很可怕吧,现在没事了。"

这正是这个方法的核心所在。

将对方看成五岁小孩,你就不会被对方的压迫感影响。这样一来,可以让你沉心静气,**不会因遭受叱责而出现恐慌,或愣在原地,避免直面言语攻击而受伤的情况。**

这个技能能让你保持自我,即使受到不讲理的指责,也

不会被对方的情绪牵动，或遭受精神控制。

在此基础上，再采取"吸收对方"的方法就无所匹敌了。

••• 如何将处不来的人吸收为同伴

假设对方是你的上司，完全无法摆脱，每天都会见面，在工作上自然也和你密切关联。

与其让交恶的状态持续下去，不如趁早吸收对方为同伴。

为了让对方成为同伴而不是敌人，和对方维系队友的关系，**必须向对方表示出理解和尊敬的意向。**

我也有过这样的经历。

我在父亲公司上班的时候，有个人对干部和上司点头哈腰，对部下和晚辈却傲慢无礼，因此在公司内部不怎么招人喜欢。我试着这样和他交流：

"某某某，你也太厉害了，对兼职的员工都能动真格训斥。毕竟每个人或多或少都想讨人喜欢，这样的事别人可做不来啊。"

我这么一说,那个人竟突然苦着脸说:"别说了……"随即哭出声来。或许是因为平时没有人和他说过这样的话,他才会这么惊讶又感激吧。

以此为契机,那个人成了我最值得依靠的同伴。

其实这是我从本田健先生那里学来的方法。有一次我向阿健抱怨了那个人的事情,他是这样引导我的:

"想必那个人背负了父母过多的期待,对父母总是谄媚逢迎,为了释放压力,对弟弟妹妹则盛气凌人。如果有个这样的孩子,你会怎么看待?"

"按实际情况当成大叔来看,我会觉得不可原谅,可要是当作小孩,又觉得有些可怜……"

听到我这么回答后,阿健说:"说得也是,那就把他当成小孩吧,就像安抚小朋友时说'没事的,在哥哥面前不用逞强',试着以这种心情沟通看看。"

于是我这么做了,一直以来的怒火都随之烟消云散,我对那个人产生了善意。

在这种友善的催生下,我对他说出了那番话。

• • • 对抗招致攻击，结盟筑成护盾

面对强势的人时，对抗他只会招致攻击，吸收他站到同一战线，才会变成最坚实的护盾。

如果他能成为同伴，没有比这种人更可靠的了。

这里有一点要注意。我们讨论过"技能"的话题，可若是鹦鹉学舌般将没有诚意的话说出口，对方可能会看穿你的心思，反而让双方的关系恶化。

因此，先把你对那个人的怒意放在一边，将对方看作五岁小孩冷静面对，不要被对方的情绪牵动。

这样一来，你一定也会像我一样涌出善意，认为"那个人一直在努力，属实不容易"。

在后续的时间里，你将关注到对方努力想守护的东西、拼命想完成的事情，也就是"他的工作热情"。

到那时，你所获得的不仅是技巧，理解和尊敬的念头也会油然而生。

之后，你只要将这份心情诚恳地用言语表达出来即可。

面对向自己示以理解和尊敬的人，对方还不至于厉声

呵斥。

就算是不好对付的人,用你的心意和良好的沟通方式,也能让对方成为你的同伴。

不再怀疑
"责任在我"

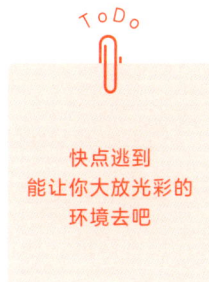

快点逃到
能让你大放光彩的
环境去吧

••• 迅速接近幸福的方法

很多时候,幸福是已经存在的事物,不需要去追求。不过,幸福很容易被环境左右。

比方说,即使你在家庭中能充分感受现有的幸福,在公司却因为上司很讨厌,全然不觉得自己幸福。

置身于痛苦的环境中时,就算想发现现有的幸福也做不到。仅靠那么一点幸福的瞬间,根本无法扫除环境带来的痛苦。

我的建议很简单,就是——

逃离折磨自己的环境。

如果此刻置身的环境让你苦不堪言,那就没必要再待下去了。

当下感到幸福的人,都在不断往幸福的方向前进。

如果有意要"奔赴幸福",幸福的环境就会如感召一般出现在他的面前,而他也能敏锐地发现它。因此,当下的他是一个幸福的人。

话说回来,长期置身于痛苦环境的人无法轻易做到。

"为什么这个人总要攻击我?"

"难道是我犯了什么错吗?"

他只会这样思考,没有丝毫去改变环境的念头。感受不到幸福的人,似乎总停留在不幸的环境之中。

••• 马蜂当前,你还会留在原地吗?

归根结底,还是**"逃走的话影响不好""这么做太不负责任"**的念头在作祟。明明痛苦不堪,却非要留在那里获得认可,选择了不幸福的努力方式。

要想过上更幸福的人生,有必要转换这种思维。

请试着想象一下。

假设你去野营,却在搭帐篷的地方看到马蜂,你会怎么做?

你肯定会换一个地方搭帐篷吧?

任谁都不会觉得"换个地方影响不好""这样太不负责任"吧。

留在原地,抱头疑惑"为什么马蜂总习惯攻击别人""马蜂为什么会出现在这里",最终也只会落得被马蜂蜇了丢掉性命的下场。

大部分情况下,困境的成因都在于"人"。

职场上就是上司和同事，区域上的人际关系则是邻居……这些让你感到痛苦的人，就像野营地里的马蜂一样。

狭路相逢也是无可奈何。这时就不要再想东想西了，赶紧逃离现场、更换场所才是正确做法。

• • • 其实，人人皆天才

尽管如此，你还是觉得羞于逃走吗？

"天生我材必有用。"

我的师父、日本最好的投资家竹田和平先生曾这么说过。

身处痛苦的环境，人便无法大展身手，其实在另一处，肯定有能让自己大放光彩的舞台。

也可以这么说：

"你无法展现自己的地方，或许也是别人大放光芒的舞台。"

在第83页我已经说过了，如果你感到痛苦不堪，却依然选择留下，那么也有可能剥夺了别人原本可以大放光芒的舞台。

前文和平先生所说的话，也是"适材适所"的另一个版本。

每个人适合发挥才华的场合各不相同。上天肯定安排了可以让你派上用场的地方，从现在的环境逃离才是正确的做法。

如果现在的处境让你感到痛苦，那正是上天在向你传递信息："这里不是你大显身手的地方，赶快走出去。"

在某个地方，肯定存在着让你备感意外且又轻松幸福的环境。

而那里才是你能真正散发光芒的地方。

第3章

致在恋爱中
不小心
努力过头的人

不再追求刺激

运用正念疗法
满足于现有的幸福

• • • 厌倦"风平浪静"的我们

世上没有不想变得幸福的人。

尤其在恋爱中,往往会以"幸不幸福"为核心做出一切决断。

人人都在追求幸福,而幸福也有很多秘诀。我自认为在不同的场合里,从自身经历和身边人传授的经验出发,向大家传递了"如何获得幸福"的信息。

然而不知为何,好像有很多人认为自己是不幸福的。

即使有过幸福的瞬间,下一刻又会烦恼这样或那样的问题,感到不知所措。恐怕是因为他们忽略了现有的幸福。或者应该说：

"厌倦了现有的幸福。"

幸福就像是京都风味的清汤。

它别有一番滋味，醇厚的味道让人想感叹其鲜美。明明是这么奢侈且难得的事物，有时我们却追求刺激，想吃垃圾食品和麻辣菜肴。

同理，**在我们厌倦了"现有的幸福"之后，是不是也在期望出现问题带来所谓的"刺激"？**

我们的烦恼无穷无尽，但归根结底，可以说恰恰是我们主动寻求烦恼所致。

不过，虽说是自寻烦恼，但应付问题会让我们劳形苦心，而不幸福的努力方式也会持续下去。

不去追求问题带来的刺激，干脆就满足于现有的幸福，这样做才是最幸福的。

••• 感受"存在"的正念疗法[①]

那么,应该怎么做才好?

我的朋友武田双云教给我一个很好的办法,在此我想分享给大家。

简单来说,就是让内心暂且回归完全平静的状态。

直面问题的时候,我们一心想着解决问题之后的事情。为了让这个未来成为现实,我们才会去应对问题。

也就是说,我们没有活在当下。

我们急于想收获不同于当下的未来,才会变得焦躁不安。

这是我们面对问题时会出现的心理状态,也可以说,是采取不幸福的努力方式时所处的状态。

用双云的话来说,急于寻求不同于当下的未来,会让人变得不幸。

或许他说得没错。正如前文所说,发现问题的时候,我

[①] 当代心理学中的一种精神训练方法,源自佛教禅修,强调有意识地觉察、活在当下和不做评判。

们总是着眼于解决问题后的未来。

举个例子,拿起吹风机想吹干头发的时候,我们也在渴求不同于眼下这一刻的未来。

使用吹风机的时候,我们往往不会享受吹风的过程,而是忙着乱吹一通,用手指梳理头发,一心想着赶紧吹干头发。

也就是说,我们只着眼于吹干头发的未来,并急于求成,将使用吹风机的此刻抛在了脑后。

如果能享受"当下这一刻",就不会焦急地寻求不同于此刻的未来,甚至原本觉得麻烦的事情也变得不成问题了。

因此,"不追求问题带来的刺激,只满足于现有的幸福"的秘诀就在于,享受当下这一刻,让心灵回归完全平静的状态。

双云教给我的方法很简单。那就是——

一心一意去感受周围的事物。

具体来说,就是将此刻眼睛看到的、肌肤感触到的、耳朵听到的——转化成自己的感受:这时发生了什么,此刻触碰到了什么,现在听到了什么。只要这么做就可以了。

• • • 活在当下，消除焦虑

我们每天直面的问题（其实是自找的）有大有小。

比方说，在海滩上我们会拍掉手和屁股上的沙子。这也是在试图解决问题，将"沾到沙子"这个问题解决到"没有沙子"的状态。

这其实是我和双云一起坐在海滩上聊起这个话题时的轶事。

看到我迅速拍沙子，双云说：

"你看看，阿晃，这就是急于解决问题的活例子啊。**你一心只想着'没有沙子的未来'，对当下这一刻完全视而不见吧？** 感受一下，此刻你沾着沙子呢，此刻微微吹着风，此刻落日西沉天色如火。"

那时我甚至没有意识到拍沙子时的自己是那么焦躁，于是试着像他所说的那样去做，心情竟一下子变得舒坦了。

明明前一刻还觉得"沙子"是一个麻烦，现在却不当回事了，我沉浸在当下的幸福里，感受着沙子的闪烁、微风的怡人和夕阳的美好。

有了实践后,我领悟这就是"双云版本的正念疗法"——去一一感受"存在"的正念疗法。

无论何时,不管身处何地,都能平复内心,调整焦虑情绪,放松下来感受当下的幸福。如果你懂得像这样满足于现有的幸福,就不会再追求刺激,幸福的恋爱也离你不远了。虽然方法简单,但效果卓绝,请务必试试看。

不再为喜欢的人全力付出

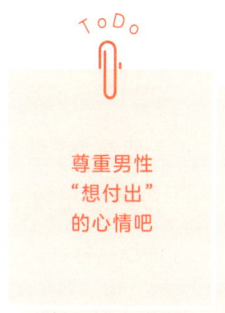

尊重男性"想付出"的心情吧

• • • "为我付出能让你感到幸福吧?"

这个话题主要针对女性而言,在恋爱中经常烦恼的人,基本是所谓的"付出型人格"。

而身为男性的我想明确地告诉大家,**大多数男性对喜欢的人都是"只要她高兴就好了"**。

总之,就是希望看到喜欢的人露出笑容。

因此,他们愿意为喜欢的人付出。

然而,当喜欢的人抢先为他付出后,男性就陷入被捷足先登的境地。

怎么说呢,**明明想为对方付出让她高兴,却完全没有付出的必要**,于是,一种难过和遗憾的心情便油然而生。

我想传达的意思简单至极。

一直在为男性付出的女性，今后给他更多机会为你付出吧。

"为我付出能让你感到幸福吧？"

请以这样的心态去接受他的付出。

或许你一直认为"没有付出就得不到爱"，但事实并非如此。

如果对方一味要求你为他付出，那么从一开始你就不该与他交往。可以说，正是这种"不付出就得不到爱"的观念，让你遇到了这样的人。

虽说如此，你也完全不必自责。

既然是自己的观念所致，只要转变观念就能带来改变。

先把"不付出就得不到爱"的想法转变成"为我付出能让你感到幸福"吧，这样一来，自然能吸引愿意为女性付出的优质男性。

••• 奉献不是被爱的必要条件

不过，这么去转变观念确实过于突然。

那就在转变观念前增加一个步骤吧。请务必尝试以下做法：

从序章开始我就在反复强调,你得到的爱不是拿什么换来的。想必你也有过这样的经历:纯粹因为你是你,别人就愿意为你付出,愿意讨你欢心。

因此,**请追溯自己的记忆,回顾一下那些你没有付出就有所得的过往**,不管是从父母、朋友还是现任男友、丈夫那里得到的都行,无论是多么微不足道的小事都可以。

当他们做那些事时,在为你付出的过程中无意获得了喜悦,而你并没有事先为他们奉献什么。

也就是说,他们爱着你,才会为你付出。

就算你不觉得自己被爱着,也不认为别人会乐意为你付出,但即便你没有拿什么去交换,别人也无条件地为你付出了。这是你过去有过的经历。

重新品味这些已有的经历,更容易接受"自己被爱着"的前提,从而转变自己的观念。

这样一来,"别人无条件为你付出"的体验也会得到进一步强化。

毫无疑问,现实生活将随即迎来改变。

你不会再一味地付出,也能接受让对方为你付出。内心

变得更加从容后，便能为了自己更乐意去付出。

从根本上说，**你也会遇到一个愿意为喜欢的人付出的优质男性，而不是一味要求你为之付出的人。**

这就好比在奥赛罗黑白棋①中一举翻转多颗棋子，在恋爱中获得幸福的可能性也会大大增加。

---

① 又称翻转棋，在欧美和日本较为流行，通过互相翻转对方棋子并最终以棋盘上所占棋子多少来决定胜负。

不再秉持"让别人幸福"的想法

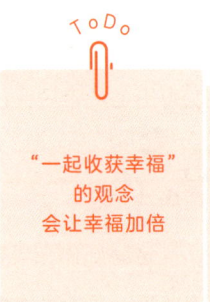

"一起收获幸福"的观念会让幸福加倍

••• 幸福的有钱太太都有一个共同点

听到"为我付出能让你感到幸福"这种观念,很多人会大吃一惊。

尤其是那些一直在为对方全力付出的人,可能会担心这么做太妄自尊大。为此,我要再说明一下:

我会将这种观念视为一段幸福合伙关系的最佳条件,其契机源于我对那些幸福的有钱太太的观察。

一说到那些一直在背后支持成功人士的太太,或许你会想到大和抚子的形象,那就大错特错了。

举个例子,某年长假期间,有位太太在海外的别墅待了一个月之久,每天都在打高尔夫球中度过。

而在那一个月里,她的先生只在百忙之中抽出一天的空闲与太太会合,两人打完一场高尔夫后,他又飞回了日本。这种"一天零夜"的行程真是胡来。

即使这样,那位太太却高声笑着说:"他要是能多花点时间陪我打高尔夫就好啦。"不仅生活上花着先生赚来的钱,在娱乐方面也是挥金如土,她居然还能坦荡荡地摆出一副理所当然的架势。

即便如此,他们之间绝不存在夫妻不和,她对丈夫也没有严加管制。当他们在一起时,看起来就是一对无比幸福的夫妻,关系和睦到甚至让人只羡鸳鸯不羡仙。

不仅是这位太太,和我有来往的那些有钱太太都在"享受着别人的付出"。

所有人都共通的地方,正是幸福合伙关系的秘诀。

如果要以我的观点来解释那些太太的常态,这就是**"为我付出能让你感到幸福"**的意思了。

••• "他不能没有我"这种想法，
会让男人变成废物

男性原本就愿意取悦喜欢的人，所以我希望你在奉献自己之前，先让男性为你付出。

这不单单是因为为你付出会让双方都得到幸福。

我在第115页也说过，如果是为了取悦喜欢的人，无论如何男性都会振奋起来。

他们愿意取悦对方，在工作中也会受到鼓舞努力奋斗。正因如此，我想告诉大家，**"为我付出能让你感到幸福"的观念，不仅是幸福合伙关系的秘诀，也能让男性出人头地**。

反过来说，以"为了你好"为出发点的付出，只会让男人渐渐成为废物。

如果在这一点上不多加注意，你会沉浸在"他不能没有我"的想法之中，不断地为他付出，而他会逐渐变成废物，两个人深陷在泥沼之中无法脱险。

每次想让别人幸福，都不由自主地产生为他付出的念头。

陷入这种状态的人都渴望得到幸福，在现实中却往往是

不幸的。

因此,不要寻求"让别人幸福",而是要"一起收获幸福"。"和幸福的人一起变得更幸福"这种观念才会带来真正美满的恋爱和婚姻。

感觉如何?"为我付出能让你感到幸福"绝不是妄自尊大的观念,甚至能让双方收获幸福,又能让男人更上一层楼,可谓是无所匹敌了。

• • • 提高承载幸福的能力

幸福的有钱太太们大多保有"为我付出能让你感到幸福"的观念。关于这个话题，我们还将继续展开。

让我非常惊叹的是，这些太太一边过着奢侈的生活，一边赞助有共同理念的非营利组织**以求积攒"阴德"**。这也是我所认识的幸福的有钱太太共通的一点。

如果一味地为了丈夫牺牲自己全力付出，到头来根本没空关心世界。

"对我先生而言，为我付出是幸福的。事实上，凭借他这位成功人士的收入，我得以自由自在悠闲度日。正因为他对我这般宠爱有加，我才想为世人尽一份绵薄之力。"

想必她们的内心正在经历着这样一场幸福接力赛吧。

这些有钱太太已经收获了足够多的幸福，她们的手中传递着很多幸福的接力棒。**幸福的循环是非常迅速的。**

我们可以提高自己承载幸福的能力。只要树立"为我付出能让你感到幸福"的观念，收获幸福自然不在话下。

从伴侣那里收获大量幸福后，请务必以某种形式递出幸福的接力棒。

可以从一些小事做起，比如给约会过的餐厅发送感谢邮件，提升餐厅的口碑也不错。

收获幸福后递出的接力棒，会重新回到你的手中。这么一来，你的周围会有一个幸福的循环，让幸福加倍壮大。

不再与心声
背道而驰

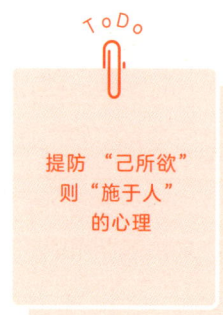

提防"己所欲"
则"施于人"
的心理

• • • "付出"是以牺牲自己为代价的

之前我们提到,"让别人付出"的观念是幸福恋爱不可或缺的必要条件。尽管如此,有些人还是认为付出会带来幸福感。

恋爱就是和特定的某个人建立亲密的关系。

正因为有感情基础,才会为对方鞠躬尽瘁。满足伴侣的同时,自己也会心满意足。

为了伴侣而努力的确值得称赞。

只不过,如果你的努力是为了讨他欢心,那就不算是幸福的恋爱。

为了得到爱而努力,通常伴随着痛苦。
你会烦恼:究竟要多努力才能得到爱?

这就好像在没有终点的马拉松比赛中不停地奔跑。

但是,如果有"已经得到爱"这个前提,努力这件事本身就能带来快乐。

正因为被爱着,所以做一件事不是为了得到爱,而是出于自己的意愿。"在恋爱中为自己努力",说的就是这么回事。

恋爱本就不是建立在某一方的牺牲之上。

双方在"已经得到爱"的前提下集结爱意,让彼此都能如愿以偿。实现这样的恋爱不是很美好吗?

而牺牲自己,为了得到爱、为了伴侣而努力,只要伴侣觉得满足了自己也会感到幸福,这就是一种恋爱依赖的状态。

要改变这种"不付出就不会被爱"的观念,才能拿到开启真正美满爱情的钥匙。

••• 付出的人其实渴望别人为自己付出

这里,我希望你思考一个问题:为何你不惜牺牲自己也要付出?

人倾向于"己所欲则施于人",就算大费周章也要表达自己的诉求，于是采取了与自己心声完全相反的行动。

从这个规律来看，"为伴侣付出"这一行动的背后，很可能蕴含着"渴望伴侣为自己付出"这种心声。

首先，你要察觉自己的心声。

或许你无法立刻接受，但只要心里相信有这种可能性，你就迈出了一大步。

那么，为何有些人明明内心这样想，却在不知不觉中成了付出的一方，甚至会走到牺牲自己的地步？

这也是受到少儿时期的记忆影响。估计这一类人**是在"不允许依赖别人"的环境中成长起来的。**

内心明明渴望伴侣为自己付出，却不直接向他提出要求，反而选择过度付出，这种情况和"最想依赖别人时却没能得到关照"是有关联的。

突然被灌输这种观念，有些人可能难以接受。

有些人可能会反驳："我才不是为了享受别人的付出才做这些事的！"有些人则被裹挟在"不付出就得不到爱，所以不得不这么做"的强迫观念里。

很抱歉让你们这么痛苦，但我还是希望你们能看下去。越是这么想的人，越得看看下文提到的建议。若能将其付诸实践，肯定能打开通往"更幸福的恋爱"的大门。

不再被孩童时代形成的思维所束缚

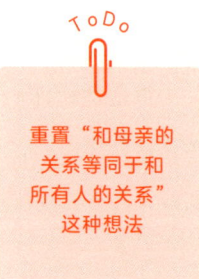

重置"和母亲的关系等同于和所有人的关系"这种想法

••• 有一种父母之爱叫作"不让你依赖"

为了被爱而付出的人,自幼就在依赖别人的需求上得不到满足。在这种"不允许依赖别人"的环境中长大后,"不能依赖别人"的思维植根于他的内心深处,以至于面对伴侣时也无法直接提出要求。

我们往下看。

前文我也提到,现有的人际关系反映出你和自我的关系。而**"和自我的关系"往往反映出"和母亲的关系"**。你和母亲之间的关系会作为操作系统装载在你的身上,影响着你现有的人际关系。

即便形成了"不能依赖别人"的思维,想必小时候也有过依赖别人的经历。

但是到了一定岁数,就会接受"必须独当一面""不准依赖别人"的教育,逐渐形成"不能依赖别人"的思维。

母亲对子女严格会让他们苛求自己,其结果就是——即使长大成人了,他们也不会去依赖别人。

即便是面对可以百般依赖的恋人,也无法坦诚地提出要求,反而会过度地付出。

虽说如此,拿教育方式指责母亲多少有些苛刻。毕竟母亲或许也是在以她的方式爱着子女,竭尽全力地将孩子抚养成人。不过,世上也有一些母亲,称之为"恶毒父母"也不为过,我们无法断言所有的母亲都爱自己的孩子。因此,请谨慎地审视自己的内心,试着用下文所说的方式去思考,如果你有所理解了,希望你能试着回顾一下过去。

母亲之所以对你那么严格,说不定是为了让你能早日独立生活,只不过她的做法欠缺考虑,导致她的爱没办法发挥作用。这样的可能性也是存在的。

也就是说,她扣错了爱的纽扣。

对孩子而言，无法从母亲那里得到自己想要的爱，无疑是遗憾又可悲的。

可是，这也是无可奈何的事情。**从根本上说，母亲根本不知道表达爱意的适当方法。**既然不清楚，也难怪她做不到了。

况且，母亲也曾是某个人的孩子。

正如前文提到的，人际关系反映了"和自我的关系"，而这种关系又受到"和母亲的关系"的影响。

也就是说，**你和母亲之间的关系也反映了母亲和她母亲（也就是你的外婆）之间的关系。**

这么一想，如果你的母亲对你很严格，那或许是她受了外婆严厉教育的影响。

而外婆自然也是被她的母亲教育成人的……这样脉脉相传的连锁反应带来的结果，正是你和母亲之间的关系。

试着这样去发挥联想，感觉如何？

"我的妈妈只懂得严格教育这种爱意表现，但不知道还有包容温柔的教育方式"——想通这一点后，你就会明白这是没办法改变的事情了。

• • • "不能依赖别人"思维的修缮工程

其实尽情去依赖他人也没关系,这并非不可行的事情,这么做才能让自己和身边的人变得更加快乐。

如果你觉得自己无法好好依赖别人,不如从现在开始改善与母亲之间的关系吧。

你不必去直接面对这段关系,**只要剔除"和母亲的关系等同于和所有人的关系"这种思维就够了。**这样一来,即便有孩童时代受到严格教育的记忆,你也不会认为所有人都会严厉地要求你。

我将介绍一种模拟方法,用于净化你和母亲之间的关系。这是一位好朋友传授给我的,借用这种手法,可以通过纠正自己的思维得到满意的结果。

前文也稍微提到了,如果你认为自己的母亲很恶毒,那就没必要再实践下去。如果你觉得自己的人际关系确实受到你和母亲之间关系的影响,请务必试试看。

首先,请想象一下,此刻你和母亲正面相对。

想象有两把椅子相向而放,你在一把椅子上坐下,而母亲坐在另一把椅子上。这样比较好操作。

在这种状态下模拟与母亲对话,分成两个阶段进行。

第一阶段,在想象的画面中,对着母亲说出这段关系中让你感到痛苦的地方。

"那时我失败了被你责骂,可伤心了。其实我当时希望能得到安慰。"

"为什么那时候你没有陪在我的身边?我只想得到一个拥抱而已。"

请用这样的方式,一字一句地说清楚。

然后进入第二阶段，这次你代入母亲的立场，试着以母亲的身份回答刚才你提出的问题。比如：

"原来是这么回事？对不起啊。可我对你那么严格，是希望你能成为一个自强不息的人。"

"母亲并不是对我怀有恨意，而是出于爱意才对我那么严格。"通过虚拟的对话，帮助你产生类似这样的感想，让那些母亲带给你的痛苦回忆慢慢得到净化。

至于实际上母亲是怎么想的，根本不必当一回事。

这项修缮工程的目的在于正视内心深处的母亲形象。

"其实妈妈也不容易啊。"

通过这种方式改写和母亲之间的关系，让"不能依赖别人"的思维得到重置。想必你和恋人的关系也会变得温馨，不再是你单方面的过度付出，而是互相包容。

不再自以为理解他人

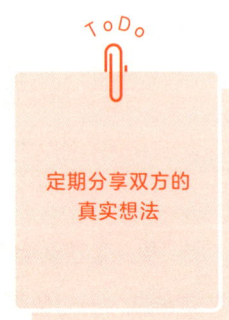

定期分享双方的真实想法

••• 和伴侣分享喜悦和快乐

只要具备"让对方付出"的观念,幸福的恋爱便触手可及。这里我想告诉大家几个强化这种思维的诀窍。

虽然我提倡"让对方付出",但如果没有明确的表示,对方也不清楚你其实乐于接受什么样的付出。

其次,即便你为了自身的快乐想为对方付出,如果没有经过沟通,也无法知道怎么做才能让对方高兴。

这时各自的"使用说明书"就派上用场了。

做什么会让你感到高兴或厌恶,以及你想做的事情有哪些——双方可以都分享各自的"使用说明书"。

双方尽早表明在恋爱中和人生中最重视的事物，以及各自的价值观和想法，能让彼此的关系更上一层楼。

"使用说明书"不能是单方面出示，需要进行交换，所以也请务必尊重对方的"使用说明书"。

看看身边那些神仙眷侣，我想他们应该都是尊重了彼此的意愿。

若是否定了伴侣重视的事物，或抑制了他的行动意愿，对方很可能反而不再顾及你。

这倒也不难理解，向伴侣表达自己的意愿后却被一言否定，可自己的心意并没有改变，只能瞒着对方偷偷去完成。在这种情况下，欲望会失去控制，比如可能会为自己的兴趣挥金如土，或是不再顾及伴侣和家人……

我也经常和太太讨论自己热衷的事物。值得感激的是，太太经常表示支持："不错，你要是想这么做，就放手去做吧。"

得到她的支持后，我会竭尽全力去完成自己想做的事情，同时也珍惜和家人相处的时间。此外，无论太太想做什么，我都会全力支持。

得到支持便能站稳脚跟，不管怎么埋头于自己喜欢的事物，都不会像断线的风筝一般，永远能保持热忱去面对自己想做的事情。

基本上，我会做出一个尊重对方，并且表示支持的态度，这样一来，对方也会给予相应的尊重和支持，一起构建幸福的关系。

• • • 只传达自己的真实想法

如果不能坦诚相对，"使用说明书"就失去了意义。

尤其是在刚开始交往的阶段，总想着向对方展示自己，常常陷入虚张声势的境地。而对方不清楚内情，难免会听信你说的话，迎合你的喜好。

比方说，明明喜欢吃烤肉，你却告诉对方自己喜欢吃奶酪火锅。他便铆起劲查阅网站，在你生日那天带你去了能吃到美味奶酪火锅的餐馆。

而你其实内心另有所属，根本高兴不起来。对方是想讨你欢心，这份心意固然令人欣慰，但你其实更想吃自助烤肉。

再怎么用笑容粉饰内心，对方也会察觉这不合你的心意，不免感到疑惑。

总之，**伪装自己肯定会让人觉得你很反常**。起先或许不引人注目，但在日积月累之下，可能会让关系不知不觉恶化。所以最好的做法是坦诚相对。

对方想看到你开心的样子，所以不必有所顾虑，告诉他做什么才是最让你开心的。

或许你担心坦白后他可能会讨厌你，可能会大跌眼镜——也不是没有这种可能性，但如果对方表现出抗拒，他就不是适合你的那个人。

伪装自己继续与其交往，只会带来痛苦，还会错过与真正合适自己的对象邂逅的机会。 想打开通往幸福恋爱的大门，及时看清不合适的对象并分道扬镳，也是很重要的。

••• 双方在各自的长短处上取得平衡

除了让你高兴和讨厌的做法，以及你想做的事情之外，和伴侣分享的"使用说明书"上还应该附加以下两点。

其一，擅长和不擅长的家务。

家务是每日例行事务，所以很容易引起不满。对于夫妻和同居的情侣来说更是如此，所以让彼此知晓自己擅长和不擅长的家务是很关键的。

如果一方擅长烹饪，另一方擅长打扫，分工立马就能确定下来。不必按社会惯例去考虑男女分工的问题，以双方都觉得自在的方式来做即可。

反过来说，趁早表明双方不擅长的家务，两个人可以一起探讨诸如"外包给保洁人员""实行轮班制"之类的解决方案。这样能避免经常因相互推托引起反感的情况。

其二，应该和伴侣分享的还有"理想的生活方式"。

请务必和伴侣一起探讨理想的生活方式，在相互提出这样或那样的想法中，享受这项作业的乐趣。

换句话说，这也是在磨合双方的人生愿景。你们两个人今后将风雨同舟，在人生道路上一同前进。

经过磨合的情侣无所畏惧。即便在食物喜好等问题上有些分歧，也能毫不动摇地走下去。

对于已经结为夫妇的人来说，探讨理想的生活方式也能成为今后两人的人生指南。

而对于还在寻找人生伴侣的人来说,这也能当作判断对方是否能和你共度余生的指标。

这两点说白了,就是为两人共同度过的人生进行磨合。

把恋爱仅仅当作恋爱来享受也无可厚非,但随着爱情进展顺利,总会出现"朝着同个方向一起迈进"的选项。

为那段共度的人生进行磨合,无疑是两人生活能持续幸福的关键。

所谓的合伙关系,正是在不断探讨在共同生活中该磨合到什么程度,以及如何携手消除这个过程中产生的分歧。

••• 分享彼此的"使用说明书"

·别人做什么会让我感到高兴和厌恶?
·对我来说,现在的人生中什么才是重要的?
·我擅长做什么家务,不擅长做什么家务?
·我理想中的生活方式是怎么样的?

交换"使用说明书",意味着向对方展示你是一个什么样

的人。让对方了解你，你也去了解对方。这是人际关系应有的基础。我们要有意识地、细致地垒好这个根基。

人总是善变的，所以不是分享一次就能完事，所以应当一有机会就进行交流。

"之前我喜欢那样的，但现在热衷这样的。"
"我很喜欢烹饪，但是每天思考做什么菜非常痛苦……"
"听我说，我看了这个人的博客，觉得这种生活也是个不错的选择。"

双方越是不断进行这样丰富密切的交流，越能缔造坚实的联系，打好幸福关系的根基。

不再独自苦恼于"无法结婚"

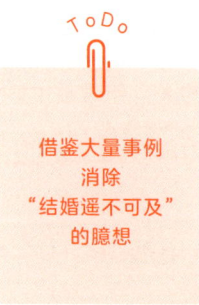

借鉴大量事例
消除
"结婚遥不可及"
的臆想

• • • 我无法结婚的理由

想谈恋爱,却事与愿违;想结婚,却找不到对象。

这个话题非常敏感,对我来说,探讨这个问题也需要鼓起勇气。

我不怕招致误解,打算把想说的传达出来。

我反复强调,外部事物往往反映了内心。现状不符合期望,应该是心理因素导致的。

套用到恋爱和结婚上,**谈不成恋爱、结不了婚都是因为内心有无法恋爱、无法结婚的理由。**

这可能会引起大家的反感,但接下来我会谈到推翻这些理由的方法,所以请你稍微忍忍,继续往下阅读。

无法恋爱或无法结婚的原因,大多源于过往经历。

比方说,目睹身边的人为恋爱操心,给人留下了"恋爱让人操心"的印象。那么,"谈了恋爱就得操心"就是那个人无法恋爱的理由。

抑或是,成长于双亲吵架不休的环境之中,极有可能留下"婚姻是痛苦的"这种印象。那么,"结婚会变得不幸"就是那个人无法结婚的理由。

下面我将以自己的真实经历为例。

••• 恋情总是撑不过一年的我为什么能结婚

其实在35岁之前,我的每段恋情基本都不长久。

在春天相遇,然后开始交往,还没过冬恋情就结束了,所以每年的圣诞节都是一个人度过。这种犹如一年生植物般的恋爱周而复始,让我觉得结婚就是一个遥不可及的话题。

我也曾思考到底是出于什么原因,**想必是我对婚姻怀有恐惧吧。**

结婚是可怕的,恋爱往前延伸就是婚姻,所以也无法长久。要说起来,我正是为了逃避婚姻,才会主动终止了短暂的恋情。

事实上,主动分手和被动分手的情况都有,总之原因在于我的恐婚症。

说到为何恐婚,就要归结到我家的经济状况上了。

我的父亲经营着一家买卖高尔夫会员资格的公司。

泡沫经济时代买入卖出会员资格的大有人在,父亲也算是飞黄腾达了。没想到泡沫经济破灭了,公司的经营急转直下,不知不觉就背负了多达八亿日元的债务。

好在双亲的人脉不错,但不可否认,经济的沉浮给家庭带来了重创。

我在这样的环境中长大成人,不知从何时开始,就产生了**"为避免家庭遭受经济打击,不存到三亿日元就不能结婚"** 的想法。

可是,要存到那么一大笔钱并非易事。

一旦恋情持续下去,就必然面临结婚的问题。也就是说,对我来说,恋情无法长久的理由就是"一旦恋情持久就会出现结婚的选项,我必须辛苦赚钱"。

而如今的我,和妻子、两个孩子幸福地生活在一起。

不过，我选择结婚并不是因为拼命存够了三亿日元，而是打消了"一旦恋情持久就会出现结婚的选项，我必须辛苦赚钱"的臆想。

在25到35岁的阶段，我有过"结婚需要三亿日元"的想法。因为不想勉强自己去赚这么一笔大钱，我对恋爱和结婚避之唯恐不及，而身边的朋友却在渐渐步入婚姻的殿堂。

存款没那么多，他们怎么还敢结婚呢？我感到惊讶，但也意识到，这个问题似乎没那么重要。

我曾收到一份结婚邀请，上面附有这样一封信：

"你过得好吗？我就要结婚了。全部财产是2500日元，快准备喜钱吧！"

我看着这些人做出与我截然不同的决断，惯有的想法也渐渐被削弱了。

我曾以为结婚需要一大笔钱，是那些朋友让我醒悟：就算没有存款也能结婚。

••• 向"幸福的人"看齐，更新自我

看到这里还是想反驳的人，请试着放下你的反感，尝试

和自己进行对话吧。

"我很想结婚,但总是找不到合适的人。是不是我有什么无法结婚的原因?"

以这种亲近自己的方式去对话,在某个时机下,那个原因应该就会浮上心头。

到这时,你再做进一步的对话。

"这个原因源自那段经历,但或许事实不完全是这样的。尝试暂时脱离自己的经历吧。"

与自己进行对话,然后试着将眼光投向那些观念不同、有着美满恋情和婚姻的人。

你的理由就会越变越小,甚至消失不见。

我看到我的朋友即使没钱也能结婚,所以让自己从那个"结婚需要辛苦存下巨款(所以恋爱也不能长久)"的原因当中解放了。

当我提到"这是心理因素导致的",或许你会觉得我在要求你问责自己。

其实并不是,现在你明白了吧。

心理因素是可以通过和自己对话或借鉴他人来修复更新的。 从束缚你至今的理由中解脱出来,就能站到幸福恋爱的起跑线上。

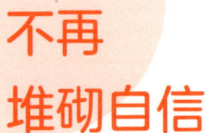

从一开始就做
100分的自己

••• 如何建立永不崩塌的最强自信

本书的读者之中,或许也有经历过情伤后完全失去自信的人。

究竟怎么做才能保持自信走向下一段恋情?

事关重大,我们从根源上细说。

说到底,什么是自信?

有人认为自信的建立来源于成功的积累。然而,一旦作为根基的成功经验遭受否定,这样的自信也会一夜坍塌。

这种建立在某个条件上的自信,一旦那个条件遭到质疑,

自信连同条件就会变得形同虚设。简单来说,这样的自信看似坚实,实则脆弱。

"最强的自信"没有这种崩塌的风险。

那是无条件的自信,不需要建立在成功等等的条件之上。

不是"因什么而自信",而是"不做什么也自信"。

从根本上说,如果没有条件,自信就不会跟着条件一起崩塌。因此,无条件的自信简直是无坚不摧。

或许你会觉得自己学不会这种自信,这是错误的想法。

最强的自信不是学不会,而是没必要去学。说到底,那本就不是后天学习的技能,而是每个人都无条件具备的事物。

只要你意识到那是天生的,在那一瞬间,你就具备了无条件的自信。

••• 对"最坏、最糟糕的自己"给予肯定

虽说如此,首先还是要发掘自己具有的无条件自信。

一个诀窍是,对"最坏、最糟糕的自己"也给予肯定。

这并不是让你忽略缺点,只关注自己的优点并褒奖自己。

而是去感受自己这个生命的精彩,囊括自己最坏、最糟糕的地方。不再做无谓的挣扎,无条件的自信就会像花开一般在你的内心萌发。

要想达到这个目的,最有效的做法还是重新体会"无条件被爱"的经历。

从呱呱坠地开始,每个人都一直拥有无条件的爱。不仅是婴儿时期,从幼儿时期到现在,正是这种经历的循环往复,造就了如今的你。

"就算不做什么也被爱着"的经历，是"不做什么也能获得自信"这种无条件自信的源头。

只要你意识到它的存在，它就是存在的。

你的缺点是存在的，你的优点是存在的，让寻找"不存在"引发的痛苦回忆统统消失吧。

只要具备无条件的自信，就不会认为自己什么也做不了，陷入丧失自信的旋涡之中。"恋爱失利的自己是个废物"的想法也会消失不见。

领会到这一点后，今后就能带着**"从一开始我就是100分"**的意识去面对恋爱了。

正因为起跑时站在了高点，就算历经锤炼也完全不觉得痛苦，往前的每一小步都是幸福的。

如果一开始就是100分，那就没必要再以满分为目标，即使和满分之间有差距也不会感到消沉。101分，102分，110分……让自己这样加分加到"超出满分"，心情真的是无比幸福呢。

无须多言，越是充满这种健康自信的人，越具备幸福的恋爱体质。

终章

提高
心声的纯度

解开"心声"的封条

••• 为"麻木的心"做康复训练

为了不被讨厌、获得认可,或被爱而努力,是无法让自己获得幸福的。对于前面讨论的内容,你感觉如何?

其实就是要你放弃那些努力方式,遵从自己的心声,站到幸福生活的起跑线上。

不过,很多人还需直面另一个问题——

"我不清楚自己究竟想做什么。"

迄今为止的生活都是在压抑自我,突然被告知要遵从心声活着,难免会疑惑自己的心声是什么。有的人认为和所有人相处融洽、在工作上得到褒奖、讨恋人欢心就是自己的心声。对他们来说,"以自己的本色去生活"的难度或许太高了。

可以说,这是"心已经麻木了"。

幼年时期，每个人都曾充满好奇心，想挑战各种各样的事情，每一天都心怀热忱。

我的孩子们也时常充满热情想去做点什么，去公园就想捡橡果，在家就想画画、玩任天堂的游戏机。

人类天生就会被某个东西无可救药地吸引，产生心动。

而现实中失去这种感觉的人，都是为了他人压抑自己，在不断的努力中麻痹了心灵。

若是如此，当下你有必要进行内心的康复训练，恢复心动的感觉，听从自己的感觉前进。

在最后这一章，我们来探讨今后迈向幸福人生、发现自己心声的方法。

••• 无法同时看到"想做的事"和"不想做的事"

我在第5页也稍微提到过，要想"发现什么"，最快捷的方法就是"舍弃什么"。

想找到"想做的事"，就应该先明确自己"不想做的事"。

迄今为止，你都在以不幸福的方式努力着，选择了忍耐和逞强，这绝对说不上是在善待自己。

在阅读本书的过程中,也有些人会自然而然撕掉了掩盖心声的封条。

可是,他们看不到自己"想做的事"。对于这些内心已经麻木的人,我希望你们发掘心声时能**从"不想做的事"入手,而不是"想做的事"**。

提到心声,或许你会默认那是指"想做的事"。

而"想做的事"并不容易找到。**如果你总是在忍受那些"自己不想做的事",就没办法感知到"自己想做的事"**。

比起积极刺激,人类更容易感知消极刺激。

有的人无法找到让自己心动的事情，对自己反感的事物却炳如观火。

••• 将"不想做"说出口，就能改变现实

"戒断""舍弃"在行动上需要耗费不少精力，所以，先意识到什么是自己"不想做的事"就可以了。

毕竟我们最优先的目的就是发现自己的心声。

一直隐忍地做着"自己不想做的事"，必然事出有因。

按我们前面探讨的来说，这个原因源于你不想被别人讨厌、想获得他人认可和想付出的心理。而这些心理更深层的共同点就是"爱意"。

都是为了身边的人。不幸的努力方式大多以对他人的爱意为支点，隐忍的背后是庞大的爱意。

正如我在前言中所说的那样，选择不幸福的努力方式的人，从根本上说都是友善的。

首先，请对充满爱意的自己表示赞赏。

然后安慰自己，告诉自己："那不是你真心想做的事。"

"出于对身边人的爱意,我才会这么拼命努力吧。"

"我浑身都充满爱意,太了不起了。"

"一路坚持到现在,但原来我不是真心想做这些事啊。"

如果有些事情就算想停下来也无法立即喊停,那就一边拿自己说笑,一边做下去吧:"真好笑,我根本不想做这些事啊。"

虽然还未能从自己不想做的事中解脱,但对自己不想做的心情给予肯定,是很有意义的。

不可思议的是,在你肯定这种心情之后,此前一直忍受的现实反而会渐渐远离自己,很多你不想做的事也会自然而然地不了了之。

随着"不想做的事"从自己的内心和现实中脱离,"想做的事"便会浮出水面。**越是对"厌恶"给予肯定,获知"喜欢"的传感器越能运作起来。**

"想做的事"
并非都是宏大的

••• 实现"想做的小事"

清楚自己不想做什么之后,"想做的事"就会一点一点浮出水面,就像内心的噪声被一扫而空一般。

出乎意料的是,好不容易才找到"想做的事",却发现是很简单的小事。 震撼内心的宏大愿景并没有出现。

听到这里,那些期望立即开启光明未来的人,或许会大失所望。

不过,我们现在的打算是慢慢修复获知"喜欢"的传感器,即是内心的康复训练。

哪怕是身体的康复训练,如果突然全力奔跑或举重,身体也会再次受损。

康复训练是一个过程,要在一小步一小步的积累下慢慢恢复。

内心的康复训练也是同样的道理,不能指望短时间内有翻天覆地的变化,重要的是慢慢感受每一个细小的转变。

举个例子,我从以前开始就特别喜欢自行车。

20岁出头的时候,我就曾尝试环澳大利亚骑行这种莽撞的冒险,如今又完全沉迷于意大利的自行车,为此挥霍了不少钱财。现在我对自行车的热爱依旧高涨,还未达到顶峰。

要说为什么骑行,也没有什么大不了的来由。既然没有把自行车当作人生规划来看,也就没有通过骑行来赚钱这回事。

只不过,骑着炫酷的自行车破风飞驰真的很惬意!这种快感会让人上瘾,所以我每周都要骑行几次,连续骑上50公里或100公里。

正如大家所知,骑自行车并没有什么产出可言。我们只是想骑就骑,为了追求心情的畅快才去骑的。

请你也将人生规划和产出什么的抛之脑后,优先考虑那些自己单纯想去做的事情。

比如,"今天想走远一点,去那家网红餐厅吃午餐"这样的想法也是可以的。

在此之前,你总是很在意午休时间而选择克制,现在却要找个外出理由去一趟。此时不需要小题大做,"想去就去""想吃就吃"——只要这样的理由就够了。

将那些想做的小事和以前不会做的、稍微有点朋克精神的事都付诸实践吧。

一点一点的小事就像星星之火,慢慢汇集成盛大的火光。遵从自己心声幸福地活着,就是通过这种方式来实现的。

因此,刚开始不要夸大自己的心声,从小事慢慢积累。就这样为了自己,一点一点去实现那些"想做的小事"。

••• 越是放飞自我,世界会变得越友善

实现自己"想做的小事",其实还有一个好处。**当你能善待自己的时候,对待他人也会变得友善,身边的人际关系自然会逐渐改善。**

我已经反复提到,和他人的关系反映了和自我的关系。这一法则同样适用于这种情况。

请再次回顾一下刚才的例子。

你心里的想法是"今天想走远一些,去那家网红餐厅吃午餐",可是因为"午休时间回不来,还是算了",于是选择克制自己的欲望。

这时,如果有同事说"今天外出跑业务,顺便去那家网红餐厅吃了午餐",你听了会作何感想?

想必你的心情会无法平复吧?还会觉得"我忍得那么辛苦,那个人却无须忍耐,真不公平"。

或许你不仅在心里暗自责骂,还会劝他"这么做不好吧""身为公司的职员,怎么能这么做"之类的。

在这种情况下,**一旦你选择了克制,就会看不惯那些率**

性而为的人，也会想要求身边的人克制自己。

这会让你看上去刻薄冷淡、难以取悦，容易招来行事严厉而非性格友善的人，导致身边的人际关系变得冷冰冰的。

此外，不善待自己的人往往不够坦诚。

比方说，就算有机会和一个不费力气就取得成功的人交谈，也会认为"我忍得这么辛苦，却不像对方那样成功，真不公平"，迷失在怒火之中，没办法诚恳地请教对方成功的秘诀。

相反的，还会一味听信"要再辛苦一点才能成功"的意见，**明明可以不费吹灰之力就取得成功，却非得朝抵抗力最大的途径走。**

如果能实现"想做的小事"，情况将截然相反。

当别人邀请你"今天走远一些，去那家网红餐厅吃午餐"时，你也能愉快接受。

有机会和轻松收获成功的人攀谈时，你也能诚恳地请教对方并付诸实践。

这样的心态，在不同场合能引起善意的连锁反应。

••• 原谅过去克制的自己

在这里,有一点要提醒大家注意。

如果你曾经强求自己和他人选择克制,也绝不要否定过去的自己。

事实上,你如何看待过去的自己,也将体现在现有的人际关系中。

如果否定了过去的自己,那些对现在的你加以否定的人也会聚拢过来。

"那时的我真的很拼""坚持到现在真不容易"——如果你

有这样的感受，即使遇到了自我否定的人，**依然会觉得他和过去的自己一样拼命努力，然后用充满慈爱的方式接纳他。**

而这种氛围也会对他产生影响，不知不觉中，自我否定的人也不再否定自己了。

正如我前面所说，只要实现自己"想做的小事"，在善待自己的同时，你也能做到善待他人。

随着身边的人际关系得到改善，你自然会选择快乐而非痛苦的途径前进。

识别"激情"和"假性激情"

••• "激情"总伴随着不安和恐惧

就像我们之前一直提到的,对"厌恶"给予肯定,才能提高获知"喜欢"的敏锐度。

此外,一点一点实现"想做的小事"之后,就能找到自己"真正想做的事"。

与其说是主动寻求,更像是等着它缓缓出现。

仿佛上天翻找出"你想做的事情",然后让它从天而降。

这种"真正想做的事"有一个特征。

它无疑会让人充满激情,同时又让人感到不安和恐惧。

"哇,这或许就是我想做的事情……可是,糟糕!好害怕!怎么办?"

身体的颤抖不知是源于兴奋还是不安,激情中夹杂着不安和恐惧,让你起了一身鸡皮疙瘩。

其实,这才是发现"真正想做的事"时会有的瞬间。

实际上,我正在努力学习英语和政治经济学。明明学生时代那么讨厌学习,就连我自己都感到吃惊。

契机是我有缘得到机会去参加达沃斯论坛某次交流会。在这个盛大的活动中,世界上具有代表性的政治家、企业家和皇室贵族齐聚一堂。

庸俗如我抱着和名人交朋友的期望激动地前往,却被泼了一盆冷水。

过去作为背包客够用的英语,完全无法应对这种场合!我满场跑地听人说话,就听到"政治……""什么什么文化……",完全插不上话。

好不容易有这样的机会,却因为我英语能力和涵养不足而浪费了。这件事让我非常消沉。

不过,在那之后,我会想象自己能和那些人进行交流的场景,不由得充满激情。

"哎呀,要是能说一口流利的英语就太帅气了。"

我对"未来的自己"心动不已,但一开始会感到不安和恐惧。毕竟要是努力学习后还是无法顺利交流,那也太痛苦了。

我不知道新世界里有什么在等着我,待在原地像以前那样行动无疑才是舒适的。

尽管如此,我还是想见识不一样的世界,便鼓足勇气踏出了脚步。

••• "假性激情"并非真实心声

"如果感到迷茫,就跟着激情走。"我们经常能听到这句话,但麻烦的是,有时我们会被虚假的激情迷惑。

如果不培养识破这种"假性激情"的眼光,很可能会错将并非真实心声的事物当成自己想做的事。

比方说,假设你在一家不太合心意的公司上班,对于自己的工作已经全盘掌握。可是你和上司的关系并不好,这种环境也不允许你挑战自己想做的事,于是成天心怀不满。

某天,你得知公司内部可以进行某个岗位的调动。那个岗位的职责比现在的工作来得轻松,于是你产生了想调岗的念头。

可是,在你向朋友们抱怨对公司的不满后,得到了"不如换个工作"的建议。"换工作的话,就能挑战在现有公司没办法做的事情了。"你听了,心理上产生了巨大动摇。

换了工作,或许就能做这样或那样的挑战。真不错呢。可是你突然感到害怕了,害怕条件不如现在,担心人际关系不顺遂……

你已经不知道什么才是你真正向往的。在这种情况下,后面的"换工作"很明显才是真正的心动。前面的"调岗"很有可能是内心深处不存在的"假性激情"。

不管是"真正的激情"还是"假性激情",都能让人激动,让人感觉"还不错"。

只不过,"假性激情"是不存在不安和恐惧的。

如果当成"真正的激情"做出选择,或许后续会事与愿违。总之,是否感到不安和恐惧,是识别真假激情的关键所在。

"真正想做的事"对你来说至关重要,正因那是自己的内在核心,所以一想到要往那个方向前进,当然觉得胆战心惊。

这或许和向喜欢的人表白有些相像。

一想到能和那个人交往就心动不已,但简单的一句"喜欢"却说不出口。

好不容易争取到约会,到了当天却无法开口说出"我喜欢你，请和我交往"。还会像这样绞尽脑汁想出拖延的理由："今天本想穿的那双袜子反过来了，这个征兆不是很好，还是算了。"

为他心动的同时，又极度不安，害怕得不行，一想到要向对方表明心意，两腿就发软。

这跟"真正想做的事"出现在眼前时如出一辙，一方面感到激动，另一方面，心中的强力制动器又会启动。

••• "害怕"就对了，放手"去做"

综上所述，只要明白大多时候真正的激情都和"不安""恐惧"捆绑在一起，那就不会错。

如果只有激情，那很可能就是假性激情。

"害怕了怎么办"——如果感受到不安和恐惧，那就是上天让你赶快行动的信号。

如果此时此刻，你既激动又感到不安和恐惧，那就决意去做吧。

不下定决心的话，内心就会想逃离不安和恐惧，只会让"真正想做的事"溜走。

这样一来，下次你依然会像迄今为止那样倒行逆施，感知"喜欢"的敏锐度也会下降，**或许还会失去对人生的热情。**

一直以来，你都不明白"真正想做的事"就是伴随着不安和恐惧。此刻你已经心里有底，只要去面对就行了。

一心扑进想做的事情之中，那一瞬间自然是可怕的。

不过在尝试过后，很多时候你会意外发现并没有那么艰难。

这就和"泡热水澡"是一个道理。进去的一瞬间会觉得太烫，但当整个身子都沉进去后，就会感到无比舒适了。

在"想做的事情"上，基本上也是只有投入身心的瞬间是可怕的。一旦投入进去，就能满怀激情一往无前。

• • • 尝试后再放弃也不迟

顺便再说一点，认定一件事后投入进去，并不表示你要抱着必死的决心坚持到最后。

就算认定那是真正的激情，有时也会想中途放弃。毕竟人是善变的。

万一出现这种情况，基本准则还是不变。

优先考虑自己想做的事情。**既然想放弃，就遵从自己的心声吧。**

不必再克制地认为"逃走的话影响不好""这样做不负责任"。

那不是上天为你准备的发光发热的舞台，还是趁早抽身为好。

因为有这种轻易转换方向的可能性，所以投身于想做的事情要趁早。

如果在情绪逐渐高昂时投入进去，此时你的心意已决，会紧抓着不放，后续难以抽身而退。如果觉得"有点害怕但还是试试看"，这样的时机正合适。

真正的激情总是伴随着不安和恐惧，因此你总想一拖再拖。

"风险太大了""现在我身上还担有责任""这个时期不太理想，还是另找时机吧"，你会找一些类似这样的、貌似说得过去的理由，准备逃离那些随激情而来的不安和恐惧。

因此，还是像我之前建议的那样，重要的是，一旦同时感到不安和恐惧，就下决心去做。

就算之后放弃或改变心意也无妨，当"真正的激情"来临时，无须多言，尽管放手去做。

"唉，我该放手去做还是打消念头？"在陷入这种犹豫不决的境地之前，对自己狠推一把，然后放手去试试看吧。

集结
最强帮手的机制

••• 如何集结超级天才

假设实现你想做的事情需要用到十种不同领域的能力。

我在第二章也讲过,不用独自扛下一切。

之前我提到,你不擅长或讨厌做的事情,总有擅长或喜欢做的人在。将大展身手的舞台交给他们,尽情地依赖别人,接受他们的关照吧。

实现想做的事情时,也可以使用这种思维。

借助具有不同才能的人,尤其是借助那些才华出类拔萃的人是最为理想的。

好不容易投身于自己想做的事之中,对于自己不擅长和讨厌的事情,你难道不想借助于那些在这方面超群绝伦或异常热衷的人吗?

你有想做的事情，并打算付诸实践，那么你在这件事上有多大的信念？

就算借助他人之手，总有些部分需要你来完成。你在这些方面具备多少力量？

你投入多少信念和力量，向你伸出援手的人就能提供多少信念和力量。

信念和才能的能量越高，和你能量相称的人越是能聚拢而来。这才是你真正需要努力的地方。

说是努力，也不是为了谁而牺牲自我做出努力。

纯粹是为了实现自己想做的事情而努力。因为憧憬未来的自己，才乐意去努力。

••• 快乐有两种类型

一想到实现自己想做的事情需要多项才能，或许你会担心自己做不到。

先把这种不安搁置一旁，将注意力集中在你能做到的事情上。

只想着完成自己能做的部分，就能保持激情，像这样鼓

足士气:

"谁也无法阻止我,来啊!开干吧!"

而这种没有痛且伴随着快乐的努力,能将你的才能打磨到令人惊叹的程度。

一说到努力,脑海里总会浮现出拼死拼活奋斗的样子,但事实并非如此。

一旦有简单明了的快乐,人就会去努力。我们所探讨的正是这种类型的努力。

举例来说,就像是蒸桑拿吧。

要说为什么总喜欢把自己扔到温度高达90摄氏度[①]的闷热密室里,因为人们知道,在那之后将沉浸在妙不可言的快感之中。

快乐分为"预期的快乐"和"唾手可得的快乐"。要想实现想做的事情,两者缺一不可。

期望得到预期的快乐的同时,先为了"唾手可得的快乐"而努力。这或许不同于世人对"努力"的定义,但这种努力方式会慢慢招揽到同伴。

你多少能理解这个概念了吧?

那就是只热衷于某一事物。如果你对"努力""奋斗"的印象只有"克制""忍耐",那就换成"热衷"这个概念吧。

---

① 干蒸桑拿的温度最高可达100摄氏度。

就算是自己再怎么想实现的事情，如果独自揽下一切，往往很难一直保有热忱。

然而，当你致力于先努力完成一件事的时候，信念和才华就会带来巨大的能量，就像用放大镜聚光点火一般。

这样一来，和你的能量相称的人也会聚拢而来。

主动邀请别人参与你想做的事情，请求他们的帮助，你将看到有不少人举手加入。

这么一来，在磨炼自己的才能之后，你也打消了一开始"或许做不到"的担忧。只要抱着"先完成能做到的事情，船到桥头自然直"的想法，你就会如愿以偿。

将心声
打磨得闪闪发亮

••• 总之先实现了再说

首先,让我们总结一下前文。

发觉自己"想做的事情",给予肯定后清除噪声,打磨获知"喜欢"的传感器。

在那之后,一点一点实现"想做的小事",然后你会在某个时候发现"喜欢""想做"的大事。趁自己内心沸腾的时候,集中做某件事,让信念之火越烧越旺。

这样一来,心声的纯度得到提高,也能清清楚楚地传达给身边的人。

不要只是依靠别人领悟你的暗示,比如在休息时间不经意说出心声,很多时候也能让周围的人产生共鸣。

这些人当中就有与你的信念和才能相称的帮手。

无论是"不想做的事"还是"想做的事",一旦听到自己的心声,就请示以共情。

对自己的心声表示理解之后,神奇的是,现实就会如你期望的那样发生改变。

虽说如此,但不是让你非得一天到晚想着这些事情。

我想跟大家传达的是,**"意图"的力量**。

并不是为了实现想做的事情而拼命努力,而是**带着"要是能实现就好了""能实现的话我想这么做"的意图。**

如果将自己的全部重心放在当下工作和生活中想做的事情上,难免会拼过头,感受不到快乐。

这样一来,消极的力量就会让你在实现"想做的事"的过程中遭遇强大的阻力。

让人惊讶的是,所谓的"想做的事",实现起来易如反掌。
·理解自己的心声;
·一点一点实现"想做的小事";
·只做自己能做的事,保持激情去努力。
这些都是让"想做的事"能轻易实现的基础。

即使没有鼓足干劲去拼命,即使没有经历痛苦,也能水到渠成。反过来说,没能实现就说明时机未到。

或许我们可以这么认为,当万事俱备的时候,成事在天。

只要你对期望的未来抱有意图即可,即便不知道如何去实现,也要想着去实现它。

也就是有意识地以"实现它"为前提。

一旦怀有这样的意图,你就能敏锐地察觉所有和"想实现的事"有关的一切。

相关信息手到擒来,一旦掌握了信息,你就会按捺不住,继而产生行动的意向。

再加上时机的到来和帮手的出现,慢慢就迎来了实现梦想的东风。

而我之所以能获得在达沃斯论坛见到世界名人、望族的机会,其实也得益于"意图"。

"如果将来我们俩能坐飞机飞遍世界,和世上的名人成为朋友,那可真是太好了。还有,要是能和他们交流切实获得幸福的方法,那就再好不过了。"

我想起结婚时和太太在蜜月旅行乘坐的飞机上曾说过这番话。

我心里明白,这番话不切实际又非常冲动。

然而,以"实现它"为前提一路走到今天,事实上我的确走到了触手可及世界名人的地方,尽管没有好好利用这次机会。

因此,为了下次能把握这种机会,现在我依然有意图地让自己将来变得更好。随着经验变得丰富,过去的意图也更新升级了。

••• "意图"的力量能壮大梦想

所谓"有意图",换句话说,也可以理解成"相信世界"。

简而言之,从头到尾扛下一切,想以一己之力实现目标的人,都只相信着自己。

只是,一个人能做到的事情是有限的。

若想独自实现自己的梦想,你只能用自己做得到的方法去实现,实现的可能性便非常有限。因此,往往需要花费更多的时间和精力。

我并不是要你小看自己。

只不过,每个人都有不同的才能,所以不要独自包揽一切,应该以"寻求他人的帮助"为前提,进一步说就是,**以"让身边的人帮助你实现想做的事情"为前提。**

能轻易大获成功的人,恐怕都明白这个道理。

他们以自身之外的未知力量为前提观望未来。

他们不会仅依靠自己的力量来实现"想做的事",而是以"身边的人和环境会帮助我实现"为前提来规划。

这样一来就有更多的可能性。不仅提高了实现梦想的可能性,还壮大了梦想的规模。

或许意料之外的绝好机会降临,或许你会结识意想不到的大人物,明明是自己一个人绝对做不到的事情,奇迹却在悄然发生。

结束语

假如你有幸经历美妙的邂逅，成长为一个了不起的大人，接下来的十年你想活出什么样的人生？

请试着展开想象。

可以的话，请在自己喜欢的地方，一边享受着喜欢的香气和饮品，一边思考这些问题。

你将以怎样的笑容，活在怎样的日常里？请尽情去做一番天马行空的想象吧。

描绘出那个拥有精彩未来的自己，然后尝试让未来的自己成为你的引路人吧。

如果此刻的你没有选择满怀激情的道路，过得惴惴不安，就让十年后的自己给你提建议吧。

感觉如何？

你是否得到了不错的建议?

认为自己没有获得锦囊妙计的人,这次可以试着去靠近十年前的自己。

"虽然那时没有取得成就,但我知道你已经尽力了。"

"你背负了太多重担,放手也没关系哦。"

请试着用温柔的声音安慰之前努力过的自己吧。

善待过去的自己,未来的自己也会善待你。

每当你感到迷茫,不知道自己该不该做某件事的时候,就试着问问十年后优秀的自己。

你肯定能得到体贴的建议。

没错,未来的自己知道你的一切。

他就是你的引路人。

"十年后的我变得非常优秀了,他会对我说出中肯的话,给予我答复。"

我称之为"我的伟大引路人",并将这个方法分享给很多朋友(如果想了解具体的思维方法,可以移步博客阅读我的文章)。

请务必从"未来优秀的自己"那里获取建议。

想必他会温柔地对你说:"放下那些让你厌倦的事,去做你热爱的事吧。"

感谢各位读者读完本书。

珍视自己心声的人会善待自己。

友善的人会善待他人。

从你开始,充满善意的人越来越多,世界将变得美丽。

2021年3月,在东京自家中,即便疫情横行也满怀希望的

本田晃一

本田晃一

生于1973年1月。1996年曾骑自行车横跨澳大利亚大陆,以背包客的身份环游世界。那时澳大利亚已经有很多人接触了互联网,让他大受震撼。回国后,帮助父亲经营买卖高尔夫会员资格的生意。购买高尔夫会员资格的客户不仅经济条件优渥,生活方式也多姿多彩,能从他们那里获得很多忠告。听从客户的建议,耗时两年建立官方网站,曾创下年销售额超10亿日元的纪录,还从富有的客户那里得到秘诀:在经营自己热爱的事业的同时,要重视和家人度过的幸福时光,确保有自由的个人时间。

2000年,在日本互联网刚普及的时候,被奉为"互联网营销大师",咨询和演讲的委托纷至沓来。为了确保个人时间,开始通过博客和官方网站这些受众面比演讲更广的途径发布信息。

提倡"在忙碌的工作中保有自由的个人时间和家人同乐"的自由生活方式,而不仅仅满足于"备受客户青睐,公司发展壮大"。2007年,作为接班人探访日本最出名的个人投资家竹田和平先生,被精彩的"和平式哲学"打动,一不小心就在那里留宿了500天,在领导学方面大有收获。2010年结婚,以此为契机学到了很多,在博客发布《世界上最轻松幸福的领导学》,汇总了在家庭关系和人际关系中如何幸福生活的启示。主要作品有《快乐实现梦想的最简单捷径》《让绝好运气主动上门的好习惯》(SB Creative出版)。